中国地质大学(武汉)实验教学系列教材

现代测绘工程实习教程

XIANDAI CEHUI GONGCHENG SHIXI JIAOCHENG

主　编　徐景田　梁新美　吴北平　潘　雄
副主编　岳迎春　黄海军　赖祖龙　陈　于　王红平

图书在版编目(CIP)数据

现代测绘工程实习教程/徐景田等主编. —武汉:中国地质大学出版社,2022.1
ISBN 978-7-5625-5229-1

Ⅰ.①现…
Ⅱ.①徐…
Ⅲ.①工程测量-实习-高等学校-教材
Ⅳ.①TB22-45

中国版本图书馆 CIP 数据核字(2022)第 015784 号

现代测绘工程实习教程 徐景田 **等主编**

责任编辑:王 敏 责任校对:徐蕾蕾

出版发行:中国地质大学出版社(武汉市洪山区鲁磨路 388 号) 邮编:430074
电 话:(027)67883511 传 真:(027)67883580 E-mail:cbb@cug.edu.cn
经 销:全国新华书店 http://cugp.cug.edu.cn

开本:787 毫米×1 092 毫米 1/16 字数:358 千字 印张:14
版次:2022 年 1 月第 1 版 印次:2022 年 1 月第 1 次印刷
印刷:武汉市籍缘印刷厂

ISBN 978-7-5625-5229-1 定价:32.00 元

中国地质大学(武汉)实验教学系列教材

编委会名单

前　言

实践教学始终是测绘工程专业人才培养的重要环节，该专业各层次人才的培养均离不开动手能力的训练。本书以信息化测绘的最新研究成果为理论指导，内容涵盖了当前测绘工程专业各骨干课程的主要实践环节，在原《测绘工程实习指导书》的基础上，增加了无人机测绘和三维激光扫描等新型测绘技术实习内容，可对测绘工程专业理论课程进行有益补充。

参加本书编写的有徐景田、梁新美、吴北平、潘雄、岳迎春、黄海军、赖祖龙、陈于、王红平。其中徐景田编写第六章，梁新美编写第一章与第十章，潘雄编写第七章，岳迎春编写第二章与第十一章，黄海军编写第四章与第十四章，赖祖龙编写第五章与第十三章，陈于编写第三章与第十二章，王红平编写第八章与第九章，全书由徐景田统编定稿，吴北平教授自始至终关注和指导了本书的编写工作，并审阅了全书。此外，本书的部分内容和图表摘自相关文献和互联网，仪器、软件操作说明来自相应商家，在此向原作者表示衷心的感谢！

本书由中国地质大学（武汉）实验技术研究经费资助。

本书可作为高等院校测绘类专业实验与实习教材，也可作为工程技术人员的参考用书。

限于编者的水平，书中内容难免有错误或不妥之处，欢迎专家和读者批评指正。

编　者

2021 年 12 月于武汉

目　录

第一篇　课间实验及习题 …………………………………………（1）

第一章　数字地形测量课间实验 …………………………………（2）
　实验一　数字水准仪的认识及使用 ……………………………（2）
　实验二　四等水准测量 …………………………………………（5）
　实验三　水准仪的检验与校正 …………………………………（8）
　实验四　全站仪的认识及使用 …………………………………（10）
　实验五　水平角观测（测回法） …………………………………（12）
　实验六　水平角观测（方向观测法） ……………………………（14）
　实验七　距离测量、竖角测量和三角高程测量 …………………（16）
　实验八　全站仪加常数的测量 …………………………………（18）
　实验九　导线计算 ………………………………………………（20）
　实验十　RTK 测量 ………………………………………………（22）
　实验十一　无人机实习 …………………………………………（29）
　实验十二　全站仪测量碎部点 …………………………………（33）
　实验十三　CASS 绘图软件使用 ………………………………（35）
第二章　控制测量课间实验 ………………………………………（38）
　实验一　全站仪视准轴误差与水平轴倾斜误差的测定 …………（38）
　实验二　水平方向观测 …………………………………………（41）
　实验三　六段比较法测定全站仪的加、乘常数 …………………（44）
　实验四　水准仪 i 角误差的检验 ………………………………（47）
　实验五　精密水准测量 …………………………………………（50）
第三章　工程测量课间实验 ………………………………………（53）
　实验一　全站仪平面坐标放样 …………………………………（53）
　实验二　利用角度前方交会法进行点位放样 …………………（58）
　实验三　圆曲线主点测设 ………………………………………（60）
　实验四　偏角法圆曲线详细测设 ………………………………（63）
　实验五　切线支距法测设带有缓和曲线段的平曲线 ……………（68）
　实验六　线状工程 GPS RTK 中线桩测设 ……………………（73）
　实验七　线状工程横断面测量 …………………………………（77）
　实验八　一井定向 ………………………………………………（80）
第四章　GNSS 定位课间实验 ……………………………………（82）

实验一　GNSS 认识及使用 …… (82)
实验二　GNSS-RTK 测量 …… (84)
实验三　GNSS 野外静态数据采集 …… (85)
实验四　GNSS 基线解算及网平差 …… (87)
第五章　测绘程序设计课间实验 …… (100)
实验一　文件及图形程序设计 …… (100)
实验二　平差基本数据结构程序设计 …… (102)
实验三　水准网平差程序设计 …… (104)
实验四　平面网平差程序设计 …… (109)
实验五　GNSS 网平差程序设计 …… (112)
第六章　地籍测量课间实验 …… (116)
实验一　城镇土地权属调查 …… (116)
实验二　房屋面积调查 …… (119)
实验三　界址点测量 …… (121)
实验四　数字地籍图测绘 …… (124)
第七章　测量平差课间实验 …… (126)
实验一　平差易的认识 …… (126)
实验二　向导式平差的应用 …… (129)
实验三　观测数据的录入 …… (133)
实验四　三角高程平差 …… (138)
第八章　无人机测量课间实验 …… (142)
实验一　无人机外业测量 …… (142)
实验二　无人机数据内业处理 …… (151)
第九章　三维激光扫描课间实验 …… (160)
实验一　三维激光扫描的外业测量 …… (160)
实验二　三维激光扫描的内业数据处理 …… (167)

第二篇　野外实习 …… (175)

第十章　数字测图教学实习 …… (176)
第十一章　大地控制测量野外实习 …… (188)
第十二章　工程测量野外实习 …… (193)
第十三章　数字摄影测量实习 …… (196)
实习一　预备知识与数据准备 …… (197)
实习二　单模型定向实习 …… (200)
实习三　“空三”加密实习 …… (201)
实习四　制作 DEM 与 DOM …… (202)
实习五　立体测图实习 …… (211)
第十四章　GNSS 定位野外实习 …… (212)
参考文献 …… (215)

第一篇
课间实验及习题

第一章　数字地形测量课间实验

实验一　数字水准仪的认识及使用

一、目的和要求

(1)了解数字水准仪的基本构造,掌握其主要部件的名称和作用。
(2)掌握望远镜的使用方法,学会如何消除视差。
(3)学会使用水准仪(安置、粗平、瞄准、读数)。

二、仪器和工具

数字水准仪1台、脚架1个、水准尺2根、记录纸1份、记录板1块。

三、实验内容

(1)认识水准仪的构造和各操作部件的名称、作用及操作方法。
(2)练习水准仪的安置及整平方法。
(3)初步练习高差的观测、记录及计算方法。

四、实验方法与步骤

1.安置仪器

将脚架张开,使其高度适当,脚架头大致水平,踩实架腿。再开箱取出仪器,将其固连在三脚架上。

2.认识仪器

了解仪器各部件的名称,了解其作用并熟悉各部分的使用方法。

3.粗略整平

旋转水准仪基座上的3个脚螺旋,使圆水准器气泡居中。先用双手同时向内(或向外)转动一对脚螺旋,使圆水准器气泡移动到中间,再转动另外一个脚螺旋,使圆气泡居中,通常需反复进行。注意气泡移动的方向与左手拇指或右手食指运动的方向一致,数字水准仪自动精平。

4.瞄准水准尺、读数

(1)瞄准。甲将水准尺竖直立于某地面点上,乙转动仪器,用粗瞄器粗略瞄准水准尺,用水平微动螺旋使水准尺大致位于视场中央；转动目镜对光螺旋进行对光，使十字分划清晰，再转动物镜对光螺旋，看清水准尺影像；转动水平微动螺旋，使十字丝中心位于水准尺中间，若存在视差，则应重新进行目镜、物镜调焦。

（2）按“测量”键，读数。

5. 测定地面两点间的高差

（1）在地面选定 A、B 两个坚固的点。

（2）在 A、B 两点间安置整平水准仪，使仪器至 A、B 两点的距离大致相等，严格按照四等水准测量规范，按照“后—后—前—前”的顺序进行观测。

（3）将水准尺竖直立于 A 点，瞄准 A 点上的水准尺；按“测量”键，记录标尺读数①和水平距离②；重新照准水准尺，再按“测量”键，记录标尺读数③。

（4）再将水准尺竖直立于 B 点，瞄准 B 点上的水准尺，检查圆水准气泡是否居中，不居中则重新整平；按“测量”键，记录标尺读数④和水平距离⑤；重新照准水准尺，再按“测量”键，记录标尺读数⑥，计算 A、B 两点的高差（h=后视读数－前视读数）。

（5）换一人重新安置仪器，进行上述观测，直至小组所有成员全部观测完毕。

五、记录格式

记录格式见表 1-1。

表 1-1　高差测量表

日期：　　　　天气：　　　　班级/小组：

仪器型号：　　　　观测者：　　　　记录者：

<table>
<tr><th rowspan="2">点方向</th><th rowspan="2">测站号</th><th>后视距/m</th><th>前视距/m</th><th rowspan="2">方向及尺号</th><th rowspan="2" colspan="2">标尺读数/m</th><th rowspan="2">两次差值/mm</th><th rowspan="2">备注</th></tr>
<tr><th>视距差 d/m</th><th>$\sum d$/m</th></tr>
<tr><td rowspan="4"></td><td rowspan="4"></td><td rowspan="2">②</td><td rowspan="2">⑤</td><td>后</td><td>①</td><td>③</td><td>⑦</td><td rowspan="12"></td></tr>
<tr><td>前</td><td>④</td><td>⑥</td><td>⑧</td></tr>
<tr><td rowspan="2">⑩</td><td rowspan="2">⑪</td><td>后一前</td><td>⑫</td><td>⑬</td><td>⑨</td></tr>
<tr><td>$h_{均}$</td><td colspan="2">⑭</td><td></td></tr>
<tr><td rowspan="8"></td><td rowspan="4"></td><td rowspan="2"></td><td rowspan="2"></td><td>后</td><td></td><td></td><td></td></tr>
<tr><td>前</td><td></td><td></td><td></td></tr>
<tr><td rowspan="2"></td><td rowspan="2"></td><td>后一前</td><td></td><td></td><td></td></tr>
<tr><td>$h_{均}$</td><td colspan="2"></td><td></td></tr>
<tr><td rowspan="4"></td><td rowspan="2"></td><td rowspan="2"></td><td>后</td><td></td><td></td><td></td></tr>
<tr><td>前</td><td></td><td></td><td></td></tr>
<tr><td rowspan="2"></td><td rowspan="2"></td><td>后一前</td><td></td><td></td><td></td></tr>
<tr><td>$h_{均}$</td><td colspan="2"></td><td></td></tr>
</table>

六、注意事项

(1)由于是第一次实习,请在教师讲解后再开箱安置仪器。注意仪器安全,损坏照价赔偿,松开双手前确保固定螺旋已经拧紧,观测时不能扶仪器和脚架,不能双腿跨脚架观测,仪器旁任何时候都不能离人。

(2)开箱后先看清仪器放置情况及箱内附件情况,用双手取出仪器并随手关箱。

(3)将水准仪安放到三脚架上后必须立即将中心连接螺旋旋紧,以防仪器从脚架上掉下摔坏。

(4)转动各螺旋时要稳、轻、慢,不能太用力,仪器旋钮不宜拧得过紧。

(5)实习结束时,关电源,松开中心连接螺旋后应立即将仪器装箱,不可用力过猛,以免压坏仪器,然后锁上箱子。

(6)水准尺不用时最好横放在地面上,不能立在墙边或斜靠在电杆或树木等物体上,以防摔坏。

(7)实习时应合上仪器箱,以防止灰尘和水气进入仪器箱。不可踏、坐仪器箱。

七、思考题

(1)水准仪由哪几部分组成?每一部分的作用是什么?

(2)圆水准器的作用是什么?

(3)简述望远镜的调焦步骤。

(4)什么是视差?产生视差的原因是什么?如何消除视差?

实验二　四等水准测量

一、目的和要求

(1)掌握用数字水准仪进行四等水准测量的步骤。

(2)四等水准测量每测站的限差:前后视距差≤3m,前后视距累积差≤10m,同一根尺两次读数差≤3mm,两次测量高差之差≤5mm,视线最长距离≤150m。

(3)水准路线高差闭合差 $f_h \leqslant \pm 20\sqrt{S}$(mm),$S$ 以 km 为单位。

二、仪器和工具

数字水准仪 1 台、脚架 1 个、水准尺 2 根、尺垫 2 个、记录纸 1 份、记录板 1 块。

三、实验内容

用水准仪按照四等水准测量的要求测量一条闭合水准路线。

四、实验方法与步骤

1.选定施测路线

在地面上选取 1 点作为高程已知起始点,选择一定长度、有一定起伏的路线组成一条闭合水准路线。该闭合水准路线包含几个待测点,如 2 点、3 点、4 点等,每两点之间一定是偶数站,中间设转点,转点处放尺垫,转点处尺子放在尺垫的凸起上,已知点和待测点不能放尺垫,观测顺序为后—后—前—前。

2.四等水准测量每测站的观测程序

(1)在 1 点和 2 点之间设置转点 P_1,转点处放置尺垫,将水准尺分别竖直立于 1 点和 P_1 点上,在两尺中间设置第一测站,安置整平仪器,照准后尺;按"测量"键,记录标尺读数①和水平距离②;重新照准水准尺,再按"测量"键,记录标尺读数③。

(2)瞄准前尺,检查圆水准气泡是否居中,不居中则重新整平;按"测量"键,记录标尺读数④和水平距离⑤;重新照准水准尺,再按"测量"键,记录标尺读数⑥。

(3)第一测站结束后,开始第二测站观测,前进时水准尺隔点放置,将 1 点水准尺隔点移至 2 点,P_1 点处水准尺位置不变,只需将条码尺面转向 2 点方向,在两尺中间设置第二测站,整平仪器,观测方法同上,然后依次观测完整个水准路线。

3. 四等水准测量每测站的计算与检核

在记录的同时，应及时进行每个测站的计算及检核，不能等观测完再计算，发现问题及时提醒观测员进行补救。计算及检核内容如下。

(1)视距部分：后视距离≤150m；前视距离≤150m；前后视距差≤3m；前后视距累积差≤10m。

(2)高差部分：同一根水准尺两次读数差≤3mm，两次测量高差之差≤5mm；高差中数：$(h_1+h_2)/2$。

作业时，对每一个测站必须遵循全部计算完毕并确认符合限差要求后才能移动后尺尺垫和迁站的原则，否则就会造成全测段需要重测的后果。

五、记录格式

记录格式见表 1-2。

表 1-2　高差测量练习表

日期：　　天气：　　班级/小组：

仪器型号：　　观测者：　　记录者：

<table>
<tr><td rowspan="2">点方向</td><td rowspan="2">测站号</td><td>后视距/m</td><td>前视距/m</td><td rowspan="2">方向及尺号</td><td rowspan="2" colspan="2">标尺读数/m</td><td rowspan="2">两次差值/mm</td><td rowspan="2">备注</td></tr>
<tr><td>视距差 d/m</td><td>$\sum d$/m</td></tr>
<tr><td rowspan="4"></td><td rowspan="4"></td><td rowspan="2">②</td><td rowspan="2">⑤</td><td>后</td><td>①</td><td>③</td><td>⑦</td><td rowspan="12"></td></tr>
<tr><td>前</td><td>④</td><td>⑥</td><td>⑧</td></tr>
<tr><td rowspan="2">⑩</td><td rowspan="2">⑪</td><td>后—前</td><td>⑫</td><td>⑬</td><td>⑨</td></tr>
<tr><td>$h_{均}$</td><td colspan="2">⑭</td><td></td></tr>
<tr><td rowspan="8">1→2</td><td rowspan="4">1</td><td rowspan="2"></td><td rowspan="2"></td><td>后</td><td></td><td></td><td></td></tr>
<tr><td>前</td><td></td><td></td><td></td></tr>
<tr><td rowspan="2"></td><td rowspan="2"></td><td>后—前</td><td></td><td></td><td></td></tr>
<tr><td>$h_{均}$</td><td colspan="2"></td><td></td></tr>
<tr><td rowspan="4">2</td><td rowspan="2"></td><td rowspan="2"></td><td>后</td><td></td><td></td><td></td></tr>
<tr><td>前</td><td></td><td></td><td></td></tr>
<tr><td rowspan="2"></td><td rowspan="2"></td><td>后—前</td><td></td><td></td><td></td></tr>
<tr><td>$h_{均}$</td><td colspan="2"></td><td></td></tr>
</table>

六、注意事项

(1)转点起着传递高程的作用。在相邻转站过程中,尺位要严格保持不变,否则会给高差测量带来误差,而且转点上的读数一个为前视读数,一个为后视读数,两个读数缺一不可。一般来说,转点上应放置尺垫。

(2)按规范要求,每条水准路线测量测站个数应为偶数,以消除两根水准尺的零点误差和其他误差。

(3)前后视距要大致相等。

(4)水准尺要尽量竖直,以减小水准尺倾斜误差对读数的影响。

(5)每个测站必须等全部计算完毕并确认符合限差要求后才能迁站。

七、思考题

(1)四等水准测量每测站的观测步骤是什么?

(2)四等水准测量时前后视距大致相等能消除或减弱哪些误差?

(3)四等水准测量检核内容有哪些?

实验三　水准仪的检验与校正

一、目的和要求

(1)了解数字水准仪各轴线应满足的条件。

(2)掌握水准仪检验和校正的方法。

(3)要求校正后,四等水准测量仪器 i 角值不超过 20″,其他条件校正到无明显偏差为止。

二、仪器和工具

数字水准仪 1 台、脚架 1 个、水准尺 2 根、尺垫 2 个、皮尺 1 卷、记录纸 1 份、记录板 1 块。

三、实验内容

数字水准仪的检验与校正。

四、实验方法与步骤

以南方数字水准仪为例,如图 1-1 所示,两标尺相距约 50m,在中间位置架设三脚架,在三脚架上安置仪器;整平仪器;检校步骤如下。

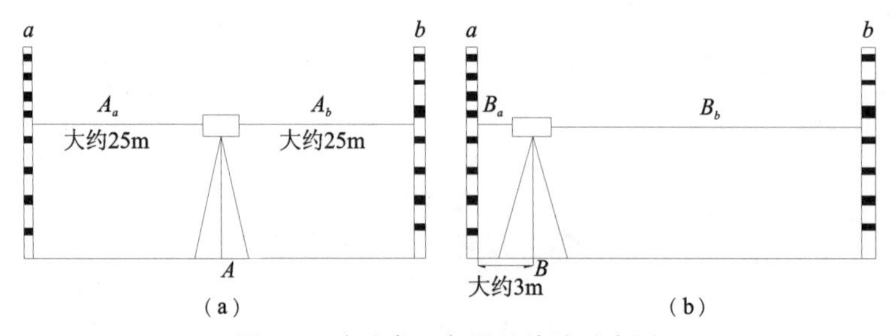

图 1-1　水准仪 i 角误差检验示意图

(1)在菜单屏幕“检校模式”提示下,按“ENT”。

(2)按“▲”或“▼”选择方法类型,然后按“ENT”。

(3)输入作业号,然后按“ENT”。

(4)输入注记 1,然后按“ENT”。

(5)输入注记 2,然后按“ENT”。

(6)输入注记 3,然后按“ENT”。

(7)瞄准 a 点的标尺并按“MEAS”,这时测量并显示 A_a。

(8)瞄准 b 点的标尺并按“MEAS”,这时测量并显示 A_b。

(9)将仪器移至 B 点,然后整平仪器。

(10)瞄准 a 点的标尺并按“MEAS”,这时测量并显示 B_a。

(11)瞄准 b 点的标尺并按“MEAS”,这时测量并显示 B_b。

(12)此时屏幕上显示改正值要继续校正,请按“ENT”。

(13)按“ENT”,显示 b 点的标尺读数。

(14)翻转 b 点的标尺读数，拆下目镜护罩 1，用拨针旋转目镜下方的十字丝校正螺钉(此调整需要专业人士操作)。

(15)瞄准标尺进行人工读数，上下移动十字丝，直至水平线与上述正确读数一致。

(16)按“ENT”，显示返回到检校菜单。

要停止检校过程，只要在步骤(1)～(11)中的任何时候按“ESC”即可；当显示错误信息时，按“ESC”，并继续检校过程。

五、记录格式

记录格式见表 1-3。

表 1-3　水准仪 i 角检校记录表

日期：　　　　天气：　　　　班级/小组：

仪器型号：　　观测者：　　　记录者：

次数	i 角/(″)
1	
2	

六、注意事项

(1)检校水准仪时，必须按上述的规定顺序进行，不能颠倒。

(2)拨动校正螺钉时，一律要先松后紧，一松一紧，用力不宜过大；校正完毕时，校正螺钉不能松动，应处于稍紧状态。

(3)仪器的视准线检验与校正是水准仪的主要检校项目，应认真进行。

(4)由于初学者缺乏经验，校正应在教师或专业技术人员的指导下进行。

七、思考题

(1)水准仪有哪些主要轴线？各轴线间须满足什么条件？

(2)简述水准仪 i 角误差的检验原理与检验方法。

(3)水准测量时，如何消除 i 角误差的影响？

实验四　全站仪的认识及使用

一、目的和要求

(1)了解全站仪的构造。

(2)了解全站仪的功能。

(3)掌握全站仪的基本操作。

(4)掌握全站仪的对中整平。

二、仪器和工具

全站仪 1 台、脚架 1 个。

三、实验内容

了解全站仪的结构、组成与功能,掌握其基本操作和对中整平。

四、实验方法与步骤

1. 全站仪的对中整平

(1)先打开三脚架,使脚架头的中心大致对准测站点(中心螺旋向上推,居中),同时保持脚架头大致水平,脚架高度合适,3 个脚架不能太张开或者太陡,不要跨脚架观测。仪器箱不要放在脚架旁边,以免绊倒。取仪器前,应确定仪器在箱子中的位置,以便结束后归位。取出仪器时,应左手抓仪器手柄取出仪器,合上箱子盖,把仪器安放在脚架上,将脚架的中心螺杆插入仪器底部中心并拧紧(如果对不准,可以稍微倾斜仪器,对准后再放直拧入),然后左手才可以松开手柄,检查一下基座上的 3 个脚螺旋是否大概居中,要有调整的余地。

(2)打开电源,按"★"键,再按"补偿"健,出现对中红色亮点(左上方有亮点的亮度选择,按"左右"键即可),平移脚架使地面点与对中器亮点重合,分别踩实 3 个脚架,如果对中偏了,调基座上的 3 个脚螺旋再精确对中。

(3)脚踩脚架脚蹬,松开脚架腿螺旋,两只手调整脚架腿的长度,移动与圆水准器邻近的 2 个脚架,使圆水准器的气泡居中,然后拧紧腿螺旋。

(4)调节基座上的 3 个脚螺旋,使电子气泡或水准管气泡居中。

(5)检查激光点与地面点是否重合。

(6)如果发现稍微的偏移,松开中心螺旋,将仪器直接平移到站心正上方(不是旋转),然后拧紧中心螺旋,再精平,直到对中整平,如果偏移量太大,请重复(2)～(6)步骤。

2. 熟悉全站仪的构造与功能

了解全站仪的构造,学会望远镜的使用。

3. 练习度盘读数

读取竖盘和水平度盘读数。

五、注意事项

(1)全站仪作为精密电子仪器，使用过程中应注意防雨、防晒、防尘。

(2)在使用全站仪的过程中禁止直接用望远镜观察太阳，以免损伤眼睛。

(3)仪器装箱前务必关闭电源，松开 2 个制动螺旋，将仪器装箱，然后锁上箱子。

(4)仪器如果有蜂鸣声，按"ENT"关直角蜂鸣，或按菜单"MENU"，选择"5 参数设置"中最后一项"蜂鸣"。

(5)显示屏上如果显示"补偿超出"，是指超过了仪器内的电子气泡自动倾斜补偿的范围。

六、思考题

(1)全站仪由哪些部件组成？它的作用是什么？

(2)在测量中要求全站仪的 4 条轴线必须保持什么关系？

(3)全站仪具有哪些功能？

(4)简述全站仪的对中整平步骤。

实验五　水平角观测(测回法)

一、目的和要求

(1)掌握测回法测量水平角的方法。

(2)上、下半测回角值之差的限差为±40"。

(3)各测回互差的限差为±24"。

(4)每位学生合格地观测一测回。

二、仪器和工具

全站仪1台、脚架1个、记录纸1份、记录板1块。

三、实验内容

用测回法观测两个方向之间的夹角。

四、实验方法与步骤

开机后仪器自动进入角度测量模式,或在基本测量模式下按“ANG”键进入角度测量模式,角度测量共2个界面,如图1-2所示,用“F4”键在2个界面中切换。

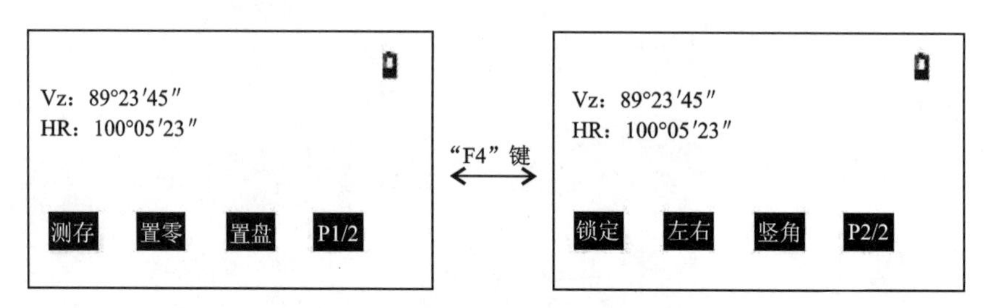

图1-2　测角模式菜单页面示意图

水平度盘为HR模式,如不是,按至第二页调整(左右调HR)。

(1)如图1-3所示,在测站O安置全站仪,对中整平后,于盘左位置,用望远镜竖丝精确瞄准第一个观测目标A。按照测回数配置好水平度盘后,读水平度盘读数$a_{左}$并记入手簿。

(2)松开照准部制动螺旋,顺时针旋转,精确瞄准第二个观测目标B,读水平度盘读数$b_{左}$并记入手簿。

以上操作称为上半测回,测得角值为:

$$\beta_{左} = b_{左} - a_{左} \tag{1-1}$$

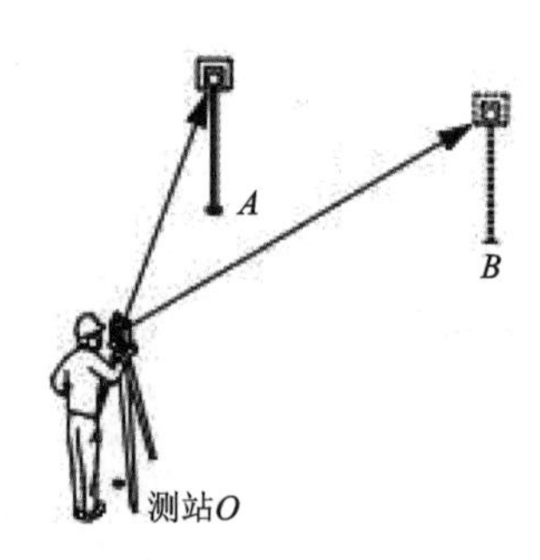

图1-3　测回法观测水平角示意图

(3)倒转望远镜,让全站仪处于盘右位置,精确瞄准第二个观测目标B,读水平度盘读数$b_{右}$并记入手簿。

(4)松开照准部制动螺旋，逆时针旋转，再瞄准第一个观测目标 A，读水平度盘读数 $a_{右}$ 并记入手簿。

以上操作称为下半测回，测得角值为：

$$\beta_{右} = b_{右} - a_{右} \tag{1-2}$$

如果上、下半测回角值之差不超过±40″，可取上、下半测回角值的平均值，作为一测回的角值。即：

$$\beta = \frac{\beta_{左} + \beta_{右}}{2} \tag{1-3}$$

如果上、下半测回角值之差超过±40″，则外业观测成果不合格，须重新观测。

五、记录格式

记录格式见表 1-4。

表 1-4 测回法水平角观测手簿

日期： 天气： 班级/小组：

仪器型号： 观测者： 记录者：

<table>
<tr><th>测站</th><th>目标</th><th>竖盘位置</th><th>水平度盘读数/
(° ′ ″)</th><th>半测回角值/
(° ′ ″)</th><th>一测回角值/
(° ′ ″)</th><th>备注</th></tr>
<tr><td rowspan="4"></td><td></td><td rowspan="2"></td><td></td><td rowspan="2"></td><td rowspan="4"></td><td rowspan="4"></td></tr>
<tr><td></td><td></td></tr>
<tr><td></td><td rowspan="2"></td><td></td><td rowspan="2"></td></tr>
<tr><td></td><td></td></tr>
</table>

六、注意事项

(1)全站仪应严格地对中、整平，在测回间如果管水准气泡偏移超过一格，须重新进行对中、整平。

(2)瞄准目标时应消除视差。

(3)测量水平角要求度盘上面显示为 HR。

(4)配置好度盘后，在读数前应检查目标是否精确瞄准。

(5)安置仪器高度要适中，转动照准部及使用各种螺旋时用力要轻。

(6)按观测顺序读数、记录，注意检查测量结果是否符合限差，超限应重测。

七、思考题

(1)测量水平角时为什么要配置度盘？如何配置度盘？如测回数为 3，应如何配置度盘？

(2)测回法观测水平角适用于测量什么样的水平角度？其观测步骤是什么？

(3)什么叫作一测回？

实验六　水平角观测(方向观测法)

一、目的和要求

(1)用方向观测法观测3个方向之间的角值。

(2)各测回角值互差J6≤24″,归零差J6≤18″。

(3)每位学生合格地观测一测回。

二、仪器和工具

全站仪1台、脚架1个、记录纸1份、记录板1块。

三、实验内容

用方向观测法观测3个方向之间的角值。

四、实验方法与步骤

开机后仪器自动进入角度测量模式,或在基本测量模式下按“ANG”键进入角度测量模式,角度测量共2个界面,如图1-2所示,用“F4”键在2个界面中切换。

水平度盘为HR模式,如不是,按至第二页调整(左右调HR)。

(1)如图1-4所示,在测站O安置全站仪,对中整平后,于盘左位置,用望远镜竖丝精确瞄准第一个观测目标A。按照测回数配置好水平度盘后,读水平度盘读数$a_{左}$并记入手簿。

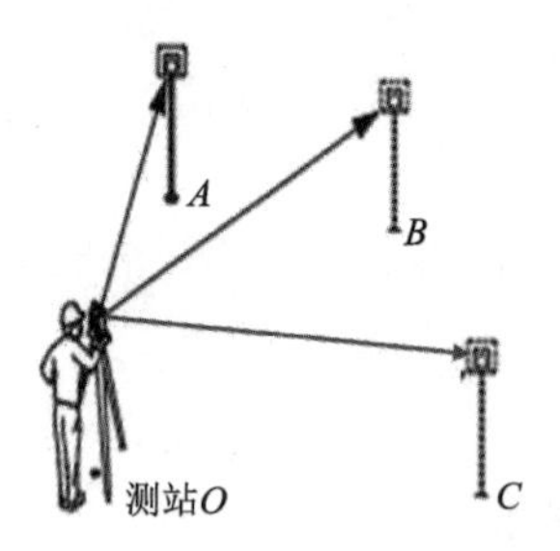

图1-4　方向法观测水平角示意图

(2)松开照准部制动螺旋,顺时针旋转,分别精确瞄准目标B、C,分别读水平度盘读数$b_{左}$、$c_{左}$并记入手簿。

(3)顺时针旋转照准部,再次瞄准观测目标A,读水平度盘读数$a'_{左}$并记入手簿(此步称为“归零”)。

(4)倒转望远镜,让全站仪处于盘右位置,松开照准部制动螺旋,精确瞄准第一个观测目标A,读水平度盘读数$a_{右}$并记入手簿。

(5)松开照准部制动螺旋,逆时针旋转,分别精确瞄准目标C、B,分别读水平度盘读数$c_{右}$、$b_{右}$并记入手簿。

(6)逆时针旋转照准部，再次瞄准观测目标 A，读水平度盘读数 $a'_{右}$ 并记入手簿。

五、记录格式

记录格式见表 1-5。

表 1-5　方向法水平角观测手簿

日期：　　天气：　　班级/小组：

仪器型号：　　观测者：　　记录者：

站点	读数				半测回方向	一测回平均方向	各测回平均方向	附注
	盘左		盘右					
1	2	3	4	5	6	7	8	9
第____测回	° ′	″	° ′	″	° ′ ″	° ′ ″	° ′ ″	
A								
B								
C								
A								

六、注意事项

(1)上半测回和下半测回结束后应立即检查归零差是否超限。

(2)严格按照观测顺序读数、记录，注意检查测量结果是否符合限差，超限应重测。

七、思考题

(1)方向观测法与测回法观测水平角有何异同点？

(2)半测回归零差如果超限，应如何处理？

(3)方向观测法观测水平角适用于测量什么样的水平角度？其观测步骤是什么？

实验七　距离测量、竖角测量和三角高程测量

一、目的和要求

(1)掌握距离测量、竖角测量和三角高程测量的步骤。

(2)掌握竖直角、指标差和三角高程的计算方法。

(3)指标差变化容许值为 25″。

二、仪器和工具

全站仪 1 台、脚架 1 个、棱镜和棱镜杆 1 套、记录纸 1 份、记录板 1 块。

三、实验内容

进行距离测量、竖角测量和三角高程测量。

四、实验方法与步骤

(1)将仪器安置在测站上,对中、整平后,量取仪器高和棱镜高,将照准部变为盘左位置,用十字丝中心精确地切准棱镜中心。

(2)测距参数设置,按下“★”键后,反射体选择“棱镜”,参数设置输入温度、气压和棱镜常数,保存。

(3)按“DIST”键进入距离测量模式,在第 1 页按“F3”键选择测距仪的工作模式“单次”,在第 1 页按“F2”键开始测量并显示,读取竖盘读数、平距、初算高差。注意竖盘为 Vz 模式,距离单位一定是米(m)。

(4)倒转望远镜并将照准部旋转 180°,变为盘右位置,观测以上内容并记录。

(5)进行竖角、指标差和高程的计算,并将所计算的竖角值、指标差和高程记入手簿。

竖角(α)、指标差(x)和高程(H)的计算公式为:

$$\alpha = \frac{1}{2}(\alpha_{左} + \alpha_{右}) = \frac{1}{2}(R - L - 180°) \tag{1-4}$$

$$x = \frac{1}{2}(\alpha_{左} - \alpha_{右}) = \frac{1}{2}(R + L - 360°) \tag{1-5}$$

$$h = D \cdot \tan\alpha + i - v \tag{1-6}$$

$$H_B = H_A + h = H_A + D \cdot \tan\alpha + i - v \tag{1-7}$$

五、记录格式

记录格式见表 1-6。

表 1-6　观测手簿

时间：　　年　月　日　　　　天气：　　　　成像：

仪器及编号：　　　　观测者：　　　　记录者：

测站高程 $H_A=100$m，仪器高 $i=$

测站	目标	竖盘位置	竖盘读数	半测回竖角 $90°-L$ $R-270°$	一测回竖角 $\frac{1}{2}(\alpha_左+\alpha_右)$	竖盘指标差 $\frac{1}{2}(R+L-360°)$	各测回竖角平均值	水平距离	目标高 v	$D\cdot\tan\alpha$	高差	高程
			° ′ ″	° ′ ″	° ′ ″	° ′ ″	° ′ ″	m	m	m	m	m
		左										
		右										

六、注意事项

(1)测量竖直角时应在竖直度盘上读取读数。

(2)进行测距前必须设置好各项测距参数。

(3)距离一测回读数较差限值为 10mm，测回较差限值为 15mm。

七、思考题

(1)什么叫竖盘指标差？如何减小或消除竖盘指标差对测量竖直角的影响？

(2)测距时如何设置各项测距参数？

(3)三角高程测量的基本原理是什么？为了获得待测点高程，需要测量哪些要素？

实验八　全站仪加常数的测量

一、目的和要求

(1)了解测距加常数的测量原理。

(2)了解全站仪的测距加常数的简易测量方法。

二、仪器和工具

全站仪1台、脚架1个、对中杆1根、棱镜1个、记录纸1份、记录板1块。

三、实验内容

测量全站仪的测距加常数。

四、实验方法与步骤

(1)在通视良好且平坦的场地上,设置A、B两点,AB长约200m,定出AB的中间点C,如图1-5所示。分别在点A、B、C上安置三脚架和基座,高度大致相等并严格对中。

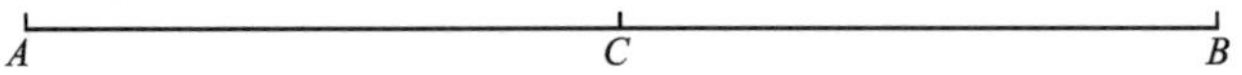

A　　　　C　　　　B

图1-5　加常数简易测定场地布置

(2)全站仪依次安置在A、C、B三点上测距,观测时应使用同一反射棱镜。全站仪置A点时测量距离D_{AC}、D_{AB},全站仪置C点时测量距离D_{CA}、D_{CB},全站仪置B点时测量距离D_{BA}、D_{BC}。

(3)分别计算D_{AB}、D_{AC}、D_{CB}的平均值,依下式计算测距加常数:

$$K = D_{AB} - (D_{AC} + D_{CB}) \tag{1-8}$$

五、记录格式

记录格式见表1-7。

表1-7　测量测距加常数记录手簿

时间:　　年　月　日　　　天气:　　　成像:

仪器及编号:　　　观测者:　　　记录者:

距离起止	距离读数/m	距离平均值/m
A至B		
B至A		
A至C		
C至A		
C至B		
B至C		

六、注意事项

(1)C 点要求位于 AB 直线上,AC 和 BC 的距离大致相等。

(2)要求两次测量的测距加常数之差在 3mm 以内,否则须重新测定。

(3)不同的棱镜测距加常数是不一样的,须分别测定。

(4)测量前将全站仪的测距参数中的测距加常数设置为零。

七、思考题

(1)什么叫测距加常数?

(2)测距加常数的测量步骤是什么?

(3)如何在 AB 的连线上定出 C 点?

实验九　导线计算

一、目的和要求

(1)掌握导线计算的方法。

(2)角度计算精确到秒(″),坐标计算应保留至小数点后两位。

二、仪器和工具

导线计算表1份、计算器。

三、实验内容

进行导线计算。

四、实验方法与步骤

(1)计算与调整角度闭合差。

(2)推算导线边坐标方位角。

(3)计算坐标增量。

(4)计算与调整坐标增量闭合差。

(5)逐点计算各点的坐标。

五、导线计算习题

附合导线 $AB12CD$ 的观测数据如图1-6所示,试用表格计算1、2两点的坐标。已知数据:$x_B=200.00$,$y_B=200.00$;$x_C=155.37$,$y_C=756.06$;$\alpha_{AB}=45°00'00''$,$\alpha_{CD}=116°44'48''$。

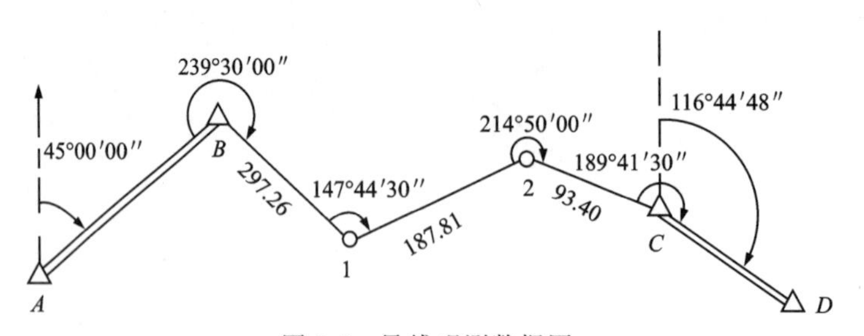

图1-6　导线观测数据图

六、注意事项

(1)闭合差分配后要检核。

(2)计算方位角时,注意导线的方向。

七、思考题

(1)简述导线测量内业计算的步骤。

(2)简述闭合导线、附合导线计算的异同点?

(3)改正数之和与闭合差是什么关系?

实验十　RTK 测量

一、目的和要求

(1)了解 RTK 采集碎部点的基本原理。
(2)掌握 RTK 采集碎部点的方法。

二、仪器和工具

GPS 接收机 2 套、脚架 1 个、基座 1 个、对中杆 1 根。

三、实验内容

RTK 采集碎部点。

四、实验方法与步骤

实验在校园比较空旷、无遮挡、便于快速完成碎部测量作业的地方进行，本次采用海星达 GNSS 接收机作为基准站和流动站。

1.新建项目

打开 APP“Hi-Survey Road”→点击“项目信息”(新建项目)→输入项目名称(点击方框，会出现触屏键盘，输入名称，字母按“Fn”键切换，记住项目名称)，点击“确定”→点击“跳过”(默认 cass)，点击“坐标系统”→检查相关参数，在“投影”一栏中“投影”设置为“高斯三度带”，“中央子午线”设置为“114：00：00.00000E”，并在“基准面”一栏，将“源椭球”设置为“WGS-84”，调整“目标椭球”为“WGS-84”，后续“平面转换”“高程拟合”“格网改正”“选项”均不做修改，基本不需要修改参数，检查即可，如图 1-7 和图 1-8 所示→点击屏幕下方“保存”→弹出“注意 是否更新参数至对应投影列表?”对话框→选择“确定”→点击左上角“返回”箭头。

2.基准站设置

本次实习的测站采用未知点设站，在开阔地方任意位置架设好三脚架，脚架头上面安装好基座，从箱子中拿出接收机，记住接收机下面序列号 VA 开头的一串数字，比如 VA10118749。一般记后四位，拧掉天线插口盖子，安装好天线，将基座上端侧面固定螺丝拧开，将金属连接头取下，旋转到接收机上，然后整体固定到基座上，注意螺丝要重新拧紧，打开接收机电源 。

点击“设备”→点击“设备连接”→弹出“是否自动连接上次使用设备××××××××?”对话框，点击“取消”→点击“连接”。

图 1-7　设置参数 1

图 1-8　设置参数 2

点击屏幕上显示的主机对应的序列号进行连接，如果屏幕上没有显示该主机序列号，则点击“搜索设备”，成功连接后显示对应的主机序列号，点击该序列号→显示“确定连接”→点击“是”→点击左上角“返回”箭头[有的屏幕上会弹出“电子气泡校准已过期，请注意使用前重新校准”对话框(有的屏幕上没这一项提示)，建议检查基准站气泡后点击“确定”(一般不用重新校准)]→基准站右下角显示绿色对勾说明基准站蓝牙连接成功。

点击“设备”→点击“基准站”图标→设置基准站，将“数据链”设置为“内置电台”，将“平滑设站”调整为“10 次”，将“电文格式”设为“RTCM(3.2)”，将“截止高度角”设为“15”，将“频道”设为“90”，如图 1-9 所示→点击右上角“设置”(将会通过平滑采集来采集基站的坐标，采集 10 次)→完成平滑采集后，提示“基站设置成功，是否断开当前连接，转去连接移动站?”字样→点击“是”。

3. 移动站设置

将移动站从箱子中取出，记住下面序列号 VA 开头的一串数字，比如 VA10118761，记后四位，将其旋转固定在杆子上，装上天线，打开移动站电源。

前面操作(“基站设置成功，是否断开当前连接，转去连接移动站?”，点击“是”)后→连接移动站，点击屏幕上显示的对应的序列号进行连接，如果屏幕上显示的没有该序列号，则点击“搜索设备”，成功连接后显示对应的序列号，点击该序列号→点击“连接”，显示“确定与设备序列号连接”→点击“是”(如果显示对话框“是否配对，输入 1234”，在弹出的显示屏左上角选择“返回”键，有的屏幕上不会显示这个对话框)→点击左上角“返回”箭头，移动站右下角显示绿色对勾说明移动站蓝牙连接成功→点击“移动站”图标等，将“数据链”设置为“内置电台”，将“截止高度角”设为“15”,“频道”与基准站一致设为“90”,如图 1-10 所示→点击右上角“设置”→完成移动站设置(显示设置成功)→点击左上角“返回”箭头。

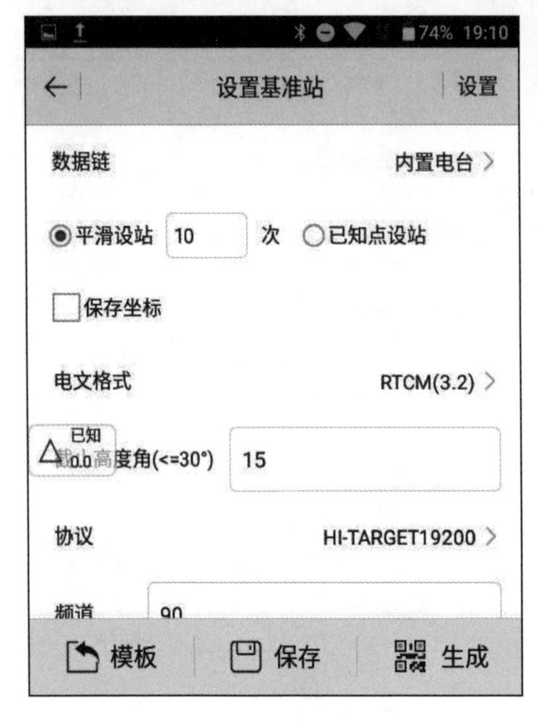

图 1-9 设置基准站

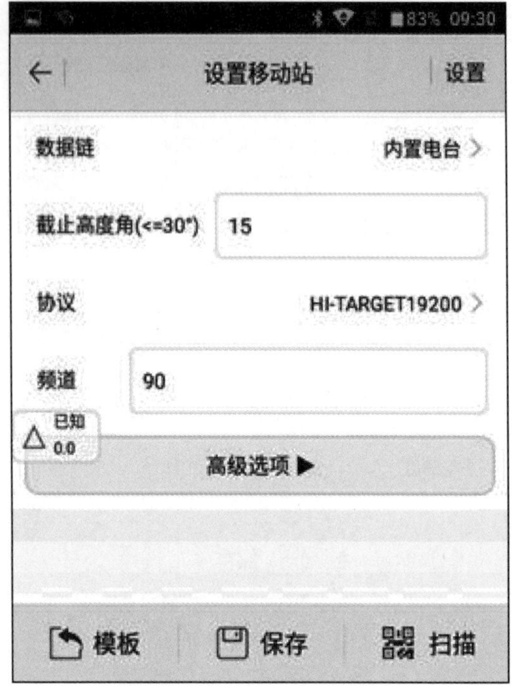

图 1-10 设置移动站

移动站和频道设置成功后,检查仪器是否能进行点位采集。按左上角“返回”键返回到主界面,找到有“固定”二字的小图标,简单的检查标准是观察手簿坐标浮窗是否为“固定”字样,若为“固定”字样,且“固定”下方数字较小(不为红色),则移动站设置成功。若为“单点、广域、已知、无解”等其他字样时,便需要重复“移动站设置”或者稍微等待,在信号好时测量。

4. 参数转换

选择“测量”→点击“碎部测量”→寻找第一个已知点,对中杆对中整平后,输入点号和目标高,点击“平滑采集”图标(三点折线形状),采集过程中保持对中杆气泡居中,等待采集至 10 次或者停止变成开始→点击“确定”→选择第二个点,重复上述流程→选择第三个已知点,重复上述流程,直到完成 3 个已知点的数据采集,3 点不要在一条线上。注意:在对话框中要输入真实的点号和目标高,如果点击“平滑采集”后提示精度不够,可点击右上角“配置”,把精度降低一些,然后再进行平滑采集。

按左上角“返回”箭头,选择“项目”→选择“参数计算”→检查计算类型(选择“四参数+高程拟合”)→点击左下角“添加”。

在源点(采集点)一栏点击源点右侧 3 个图标中间的一个按钮,如图 1-11 所示,显示 3 个点 3 行数据,如图 1-12 所示→选择刚才平滑采集的控制点,点击一个点“pt005”,源点信息已经导入,如图 1-13 所示→在目标点(控制点)下面“N、E、Z”(北坐标、东坐标、高程)3 行输入 pt005 的已知坐标高程数据,如图 1-14 所示,点击右上角“保存”,同样再点击左下角“添加”,

点击源点右侧3个图标中间的一个按钮，把另外两个点也输入并保存。

图 1-11　点对坐标信息

点名	B	L
pt027	30:27:39.21468N	114:36:51.12286E
pt025	30:27:42.30190N	114:36:50.55117E
pt005	30:27:40.11447N	114:36:55.97462E

图 1-12　原始数据

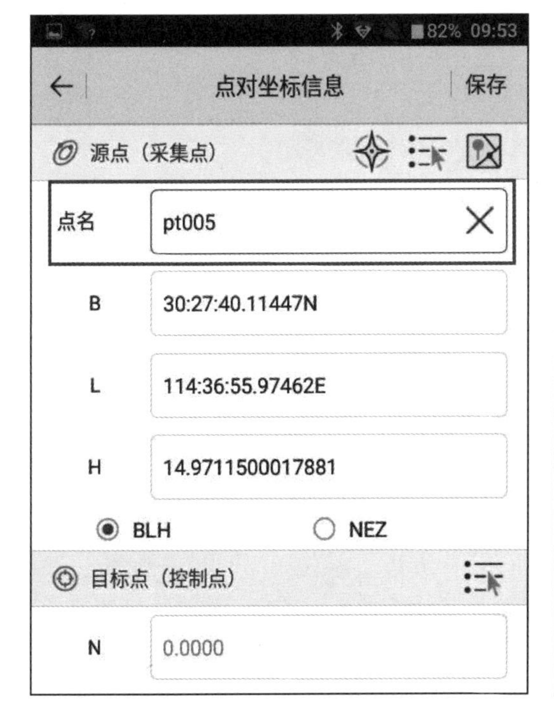

图 1-13　导入源点信息

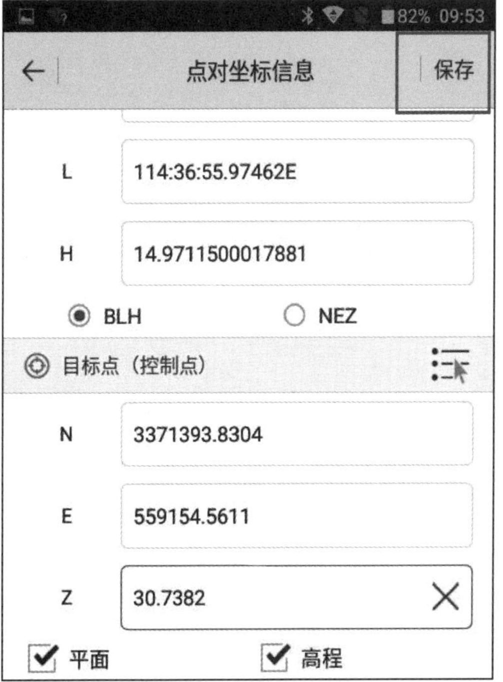

图 1-14　输入已知坐标高程

完成3个点的坐标→点击“点名”下点号名，勾选3个或多个已知点→点击“计算”，如图1-15所示→检查计算结果[主要参考“尺度(K)”一栏，接近1.0000或0.9999表示精度较高，“最大HRMS”接近0，如图1-16所示]→点击“应用”按钮→参数启用成功。

图1-15　参数计算

图1-16　检查计算结果

5.碎部测量

选择“测量”→点击“碎部测量”，点号会自动排序(输入点号也可以)，再输入目标高，对中杆放在待测点上，气泡居中，再点击灯泡状按钮，如图1-17所示，保存，如图1-18所示，对中杆移至下一个待测点，输入点号或默认点号，再输入目标高，气泡居中，再点灯泡状按钮，保存。重复以上步骤采点。注意屏幕显示两种模式：点击文本后，就会切换到图形；点击图形后，就会切换到文本。

6.导出成果

导入电脑：选择“项目”→点击“数据交换”→选择“南方cass7.0.dat”项目名前缀勾上，如图1-19所示，选择ZHD文件夹下的Out文件夹(导出路径)，选择“导出”→检查一下，点击“确认”→成功导出→在手簿与电脑之间连接数据线，电脑上有显示，找到导出路径ZHD文件夹下的Out文件夹，复制下面的导出的文件名“115181-6-09083”，粘贴到桌面，可将数据导出。

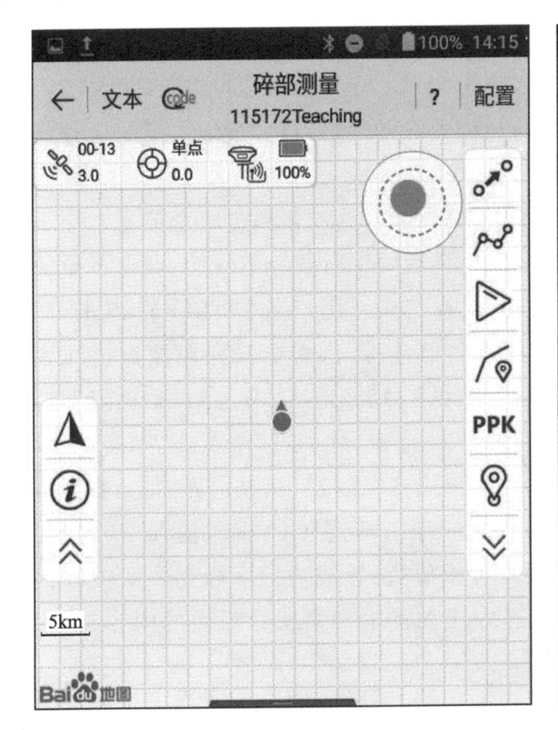

图 1-17　碎部测量

图 1-18　坐标点保存

图 1-19　导出成果

7. 成果提交

将RTK碎部测量采集到的数据文件经过展点、内业成图之后，再经过地形图的检查与整饰，提交相应的数据文件、图形文件及纸质版地形图。

RTK也可以设置为CORS模式。第一步，手机开启热点(热点名称要用全英文)，记下用户名和密码数字，按下屏幕下方中间白色按键，进入主界面“Hi-Survey Road”，点击下面的白色圆圈图标，点击“设置”，点击“WLAN”，在显示屏上找到热点用户名DDZZYY，点击，然后输入密码，点击右下角“连接”，显示屏上显示该用户名已连接，点击中间白色按键返回主界面。点击“Hi-Survey Road”，点击“项目信息”，输入项目名1229，点击右上角的“确定”，Cass打“√”，主动返回项目信息界面。第二步，点击“设备”→点击“移动站”→点击“连接”→找到移动站接收机序列号(比如VA10118761)→是否连接→点击“连接”，在显示界面上，数据链右侧箭头内置电台改为手簿差分，截止高度角设置为15°，服务器选择CORS，输入IP地址、端口号、源节点、用户名、密码，点击右上角的“设置”，待弹出“设置成功!”字样则表明接收机成功连接CORS。检查手簿显示为“固定解”时，点击左上角的返回箭头。后面的内容与“4. 参数转换”“5. 碎部测量”中的步骤相同。

五、记录格式

记录格式见表1-8。

表1-8 RTK观测手簿

时间： 年 月 日　　　天气：　　　成像：

仪器及编号：　　　观测者：　　　记录者：

观测点号	X	Y	H

六、注意事项

(1)仪器架设在开阔的地方，没有高楼和水面影响。

(2)3个已知点不要在一条直线上。

七、思考题

(1)简述GPS系统的组成。

(2)GPS定位的原理是什么?

(3)什么是RTK? RTK测量有何特点?

实验十一　无人机实习

一、目的和要求

(1)了解无人机系统的组成。

(2)掌握无人机飞行的操作方法

(3)掌握无人机内业建模成图方法。

二、仪器和工具

无人机。

三、实验内容

实现无人机的测绘、建模和成图。

四、实验方法与步骤

本次实习详细步骤见“第八章的无人机测量课间实验”。

1. 安装无人机

每个机翼都有对应的颜色，黑对应黑，白对应白，然后根据机翼上的图标指示旋转拧紧，飞行前一定要确保机翼是固定好的，安装好后，无人机和遥控器都开机(短按一下再长按开机)。

2. 选择无人机的航线模式

针对不同需求，选择不同模式。常用到的分别是摄影测量2D、摄影测量3D(井字飞行)和摄影测量3D(五向飞行)。后两个均为三维建模采集方式，都会采集测区立面的信息。本次实习采用五向飞行。

3. 调整航线和参数

连接好无人机，点开“规划”，选择“摄影测量3D(五向飞行)”，在地图上添加并调整飞行区域。自定义影像重叠率、相机角度、飞行高度等参数。

边框内可以调整高度，其中GSD为地面样本距离，当选定高度为100m时，图片上一个像素点就为真实世界中的2.74cm，根据所要建模的精度选择对应的高度，一定要在安全高度上飞行，安全高度取决于周围建筑高度。上方显示无人机测绘面积、每条航线所需时长(五向是要5个方向各飞一次，根据飞行所需时长判断所需要的电池数量)、建模所需要拍摄照片的数量（内存卡内存要足够）。还可以对无人机进行高级设置，比如设置影像重叠率、相机角度（这两者如有特殊要求可以改变，一般为默认值 0）和飞行速度（为默认值）等。

屏幕上航线黄色端为终点、绿色端为起点，航线旁的黄色按钮用来旋转航线，使航线尽量不经过信号干扰强的地方和楼层较高的地方。

4. 数据采集

作业规划好，参数设置完成，点击“保存”，设置好作业名再“调用”，然后开始飞行，飞行过程中可以使用“地图视图”和“相机视图”进行实时监测。地图视图提供实时飞行数据如飞行高度、飞行速度等信息，或选择相机视图来观看实时图像。飞行过程中多注意观测电量，电量低，无人机会自动返航。因此，要及时更换电池。

5. 导出数据

作业完成后，整理好无人机装箱，拿出内存卡，用读卡器导出影像数据，再进行内业处理。

6. 建立工程及导入数据

（1）设置联网工具。

（2）新建项目。打开软件后，点击左上角任务栏中的“项目”→“新项目”就可以建立新的项目，输入新建项目的名称和项目路径。

（3）相片导入。由于 DJI 无人机按照电池建立相片文件夹，一个航测项目的相片往往存储在多个文件夹内，因此采用添加路径的方式导入原始数据。

（4）图像坐标系和输出坐标系设置。大疆无人机采集的 pos 位置信息为大地经纬度（WGS-84 椭球的大地坐标），因此“图像平面坐标系”选择为已知坐标系中的“WGS-84”，“纵坐标系”（高程）选择“EGM96 拟合模型”（更改坐标系需要勾选“高级坐标系选项”）。

7. 处理模板设置及数据处理

（1）进行模板预配置。

（2）进行初始化处理设置。第一步为初始化处理，为了更快得到预处理成果，需要更改设置参数，设置完成后，只勾选初始化处理步骤，点击“OK”。开始第一步处理。

（3）控制点的选刺。完成第一步处理后，需要添加必要的控制点。

（4）进行第二步、第三步处理设置。

8. 成果查看

成果图输出如图 1-20 和图 1-21 所示。

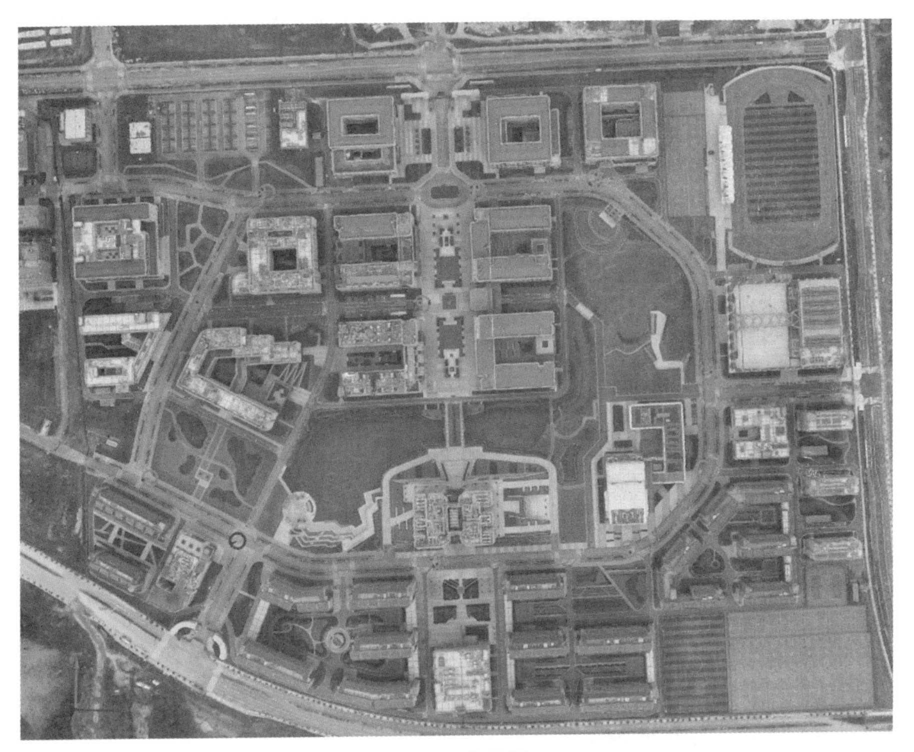

图 1-20 成果图 1

图 1-21 成果图 2

9.利用 CASS 软件绘图

(1)定显示区,打开 CASS,点击“绘图处理”中的“展野外测点点号”。

(2)展野外测点点号。

(3)光栅图像导入。点击“工具”中的“光栅图像”里的“插入图像”,点击“附着”,找到正射影像图,点击“打开”,然后点击“确定”。

(4)将影像显示后置,点击影像边缘选中图像后,点击“显示”中的“显示顺序”里的“后置”,让控制点出现在图像的上方。

(5)图像纠正。点击“工具”中的“光栅图像”里的“图像纠正”,然后点击图像的边框选中图像,会出现“图像纠正”框,先点击“图面”后的“拾取”按钮,再点击图上点的位置,最后点击“实际”后的“拾取”按钮,拾取对应导入的红色像控点,点击“添加”,即完成控制点添加。重复此操作,完成5个控制点添加。添加完5个控制点之后,在对话框左下角“纠正方法”中选择“仿射变换”,然后点击“纠正”,纠正完成后,可以检查各个控制点的位置是否正确,误差不能太大。

(6)绘图。在左侧工具栏里选择“居民地”→“一般房屋”→“多点一般房屋”,点击右边的“多点房屋”,描出房子的轮廓。

五、思考题

(1)无人机需要进行哪些设置?

(2)简述无人机数据采集过程。

(3)简述无人机内业处理步骤。

实验十二　全站仪测量碎部点

一、目的和要求

掌握全站仪测量碎部点的方法和步骤。

二、仪器和工具

全站仪 1 台、脚架 1 个、棱镜和棱镜杆各 1 套。

三、实验内容

全站仪测量碎部点。

四、实验方法与步骤

(1)安置全站仪,对中整平,量取仪器高,开机。

(2)设置测距参数并保存,创建文件,在全站仪中创建一个文件 JOB1,用来保存测量数据。

(3)设站定向,输入测站点点号及坐标高程、仪器高,并输入后视点点号及坐标高程、棱镜高,瞄准已知后视点上的棱镜中心进行定向,然后选择其他的已知点进行检查。

(4)碎部点采集,选择地物地貌特征点,测定各个碎部点的三维坐标并记录在全站仪内存中,记录时注意棱镜高、点号的正确性。

五、记录格式

记录格式见表 1-9。

表 1-9　全站仪测量观测手簿

时间：　年　月　日　　　　天气：　　　　成像：

仪器及编号：　　　　　　　观测者：　　　　记录者：

观测点号	X	Y	H

六、注意事项

(1)注意要进行定向检查。

(2)测量前必须设置好各项测距参数。

(3)棱镜高变化时要重新输入棱镜高。

七、思考题

(1)简述全站仪测量碎部点的步骤。
(2)全站仪测量点的坐标高程的计算公式有哪些?
(3)什么是地物、地貌特征点?

实验十三　CASS 绘图软件使用

CASS 地形地藉成图软件是基于 AutoCAD 平台技术的 GIS 前端数据处理系统，广泛应用于地形成图、地藉成图、工程测量应用、空间数据建库等领域，全面面向 GIS，彻底打通数字化成图系统与 GIS 接口，使用骨架线实时编辑、简码用户化、GIS 无缝接口等先进技术。

CASS7.0 版本相对于以前各版本除了在平台、基本绘图功能上作了进一步升级之外，针对土地详查、土地勘测定界的需要开发了很多专业实用的工具，在空间数据建库前端数据的质量检查和转换上提供更灵活更自动化的功能。

一、软件运行平台

AutoCAD2006 平台，同时支持 AutoCAD2002/2004/2005/2006 平台。

二、软件操作步骤

1. 数据输入

数据进入 CASS 都要通过“数据”菜单。一般是读取全站仪数据，还能通过测图精灵和手工输入原始数据来输入。

2. 读取全站仪数据

(1)将全站仪与电脑连接后，选择“读取全站仪数据”。

(2)选择正确的仪器类型。

(3)选择“CASS 坐标文件”，输入文件名。

(4)点击“转换”，即可将全站仪里的数据转换成标准的 CASS 坐标数据。

注意：如果仪器类型里无所需型号或无法通信，先用该仪器自带的传输软件将数据下载。将“联机”去掉，“通信临时文件”选择下载的数据文件，“CASS 坐标文件”输入文件名。点击“转换”，也可完成数据的转换。

3. 等高线绘制

(1)建立 DTM 模型。选择“等高线”下的“建立 DTM”，界面如图 1-22 所示。

“选择建立 DTM 的方式”有两个选项：“由数据文件生成”和“由图面高程生成”。前者需要在下方对话框中选择对应数据文件，后者需要先展绘数据文件。由于之前已展绘坐标文件，本次选择“由图画高程生成”。“结果显示”菜单栏中按需求选择，之后点击“确定”。

(2)编辑修改 DTM 模型。

(3)绘制等高线。选择“等高线”下的“绘制等高线”，弹出界面如图 1-23 所示。根据需求选择“拟合方式”并填写“等高距”，点击“确定”。

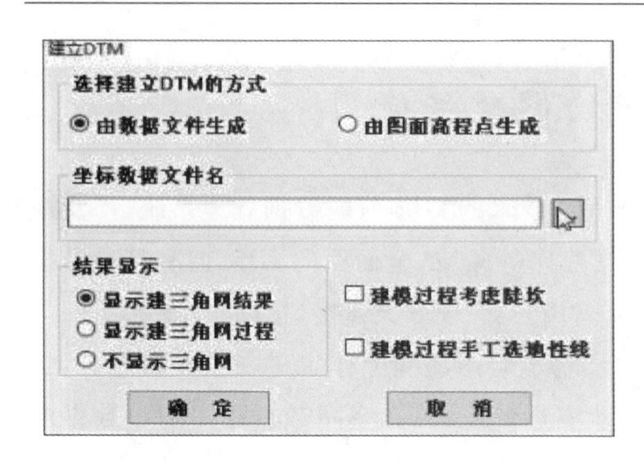

图 1-22　建立 DTM 界面

图 1-23　绘制等高线界面

(4)修剪、注记等高线。注意:DTM(数字地面模型)是按一定结构组织在一起的数据组，它代表着地形特征的空间分布,参考界面如图 1-24 所示。

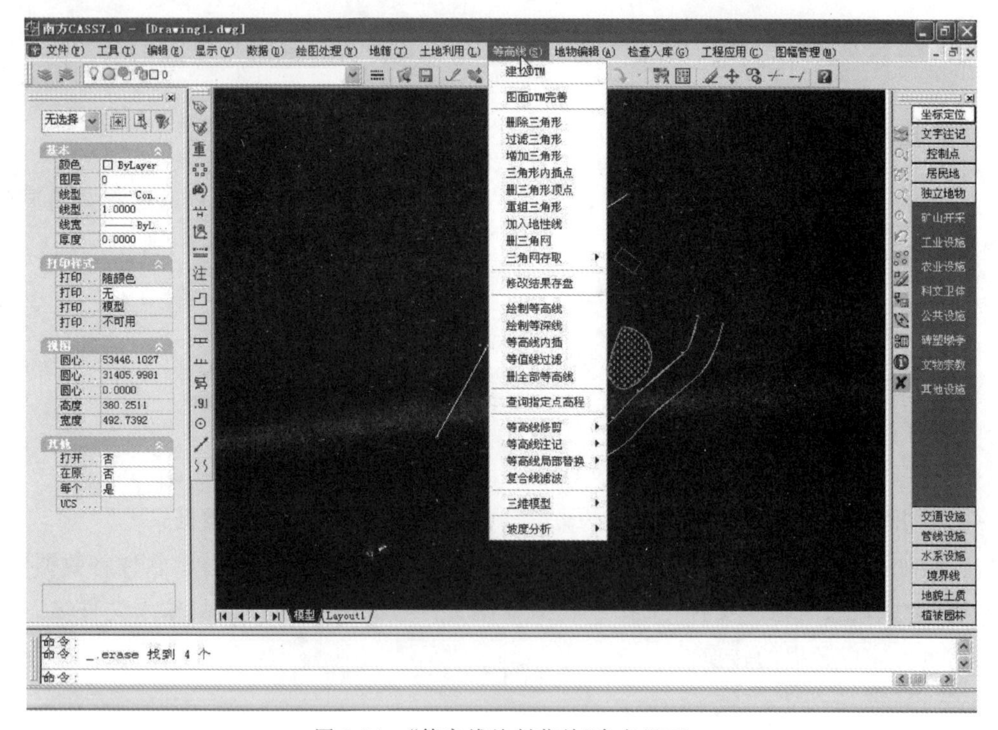

图 1-24　“等高线绘制菜单”参考界面

4. 图形数据输出

(1)地形图绘制完毕,可以多种方式输出。

(2)打印输出:图幅整饰→连接输出设备→输出。

(3)转入 GIS:输出 Arcinfo、Mapinfo、国家空间矢量格式。

(4)其他交换格式:生成 CASS 交换文件(* . cas)。

参考界面如图 1-25 所示。

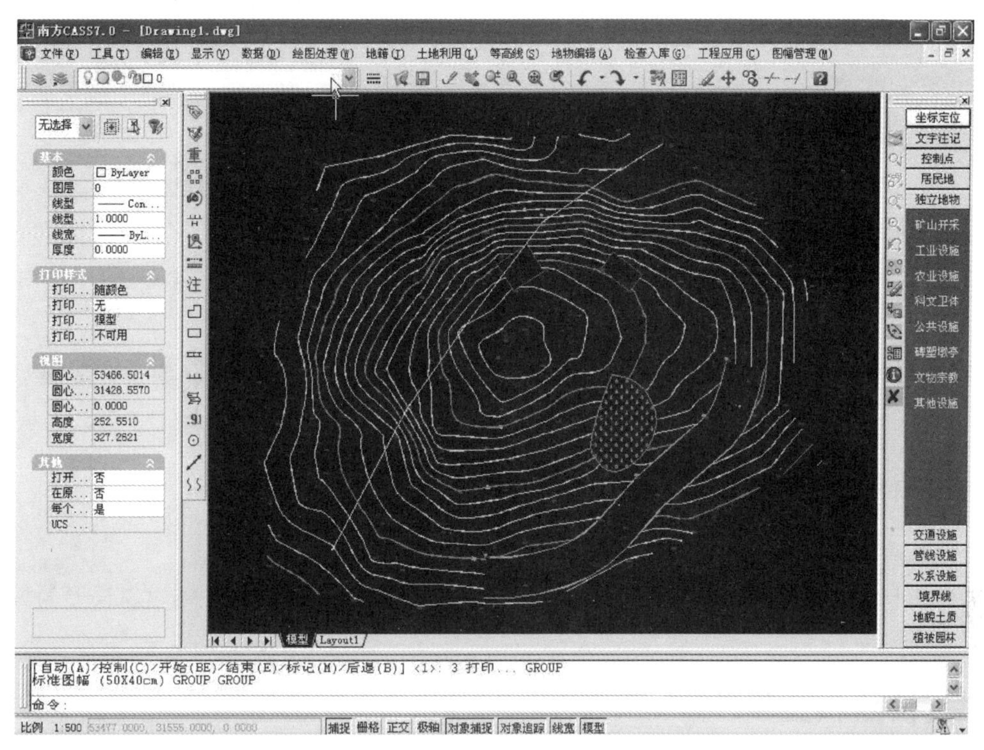

图 1-25　等高线绘制参考界面

5. 编码法成图

(1)编码法:由带简编码格式的坐标数据文件自动绘图。简编码可通过 JCODE. def 文件定制。

(2)在采集数据的同时输入简编码,用“简码识别”成图,示例文件为 YMSJ. DAT。

(3)在采集数据时未输入简编码,编辑引导文件(*. yd),用“编码引导”成图。编码引导的作用是将引导文件与无码的坐标数据文件合并成一个新的带简编码格式的坐标数据文件(*. yd 文件格式参考说明书)。示例文件为 WMSJ. YD+WMSJ. DAT。

注意事项:具体操作步骤参见南方 CASS7.0 说明书。

第二章　控制测量课间实验

实验一　全站仪视准轴误差与水平轴倾斜误差的测定

一、目的和要求

(1)熟悉视准轴误差与水平轴倾斜误差产生的原因。

(2)每个学生都能熟练地掌握采用高低点法测定视准轴误差与水平轴倾斜误差的方法和步骤。

二、仪器和工具

全站仪(2″级)1台、小方纸2片、脚架1个、铅笔1支、记录纸1份、记录板1块。

三、实验内容

高低点法测定视准轴误差、水平轴倾斜误差。视准轴误差是视准轴与水平轴不垂直的误差,一般用 c 表示水平轴倾斜误差,也就是水平轴不垂直于垂直轴之差,一般用 i 表示现行国家标准规定用高低点法测定视准轴误差与水平轴倾斜误差。测定时,在水平方向线上、下的对称位置各设置1个照准目标,水平方向线之上的目标称为高点,之下的称为低点。用盘左、盘右观测高点和低点,若观测高、低点 n 个测回,则有 c、i 的计算公式:

$$c=\frac{1}{4n}\Big[\sum_{1}^{n}(L-R)_{高}+\sum_{1}^{n}(L-R)_{低}\Big]\cos\alpha \tag{2-1}$$

$$i=\frac{1}{4n}\Big[\sum_{1}^{n}(L-R)_{高}-\sum_{1}^{n}(L-R)_{低}\Big]\cot\alpha \tag{2-2}$$

国家标准规定:对于1″级仪器,c、i 的绝对值都应小于10″;对于2″级仪器,c、i 的绝对值都应小于15″。

四、实验方法与步骤

(1)在距离某一目标(墙面)20～30m处架设全站仪,对中整平。

(2)在准备好的小方纸片上用铅笔画一小十字丝,然后将小方纸片贴在水平方向线上、下的对称位置上作为照准目标,使目标高度角为±3°,高、低点目标位于同一垂线上(由观测者指挥完成)。

(3)视准轴误差与水平轴倾斜误差的测定：①高、低点两点竖直角的测定；②高、低点两点间水平角的测定；③按上述公式计算 c 和 i。

五、记录格式

记录格式见表 2-1 和表 2-2。

表 2-1　高、低两点间竖角的测定

仪器：　　　　　　　　　　　　　　　　　　　　　　　　年　　月　　日

照准点	测回	竖盘读数		指标差	竖角	竖角均值
		盘左(L)	盘右(R)			
		° ′ ″	° ′ ″	° ′ ″	° ′ ″	° ′ ″
高点	Ⅰ					
	Ⅱ					
	Ⅲ					
低点	Ⅰ					
	Ⅱ					
	Ⅲ					

表 2-2　高、低两点间水平角的测定

仪器：　　　　　　　　　　　　　　　　　　　　　　　　年　　月　　日

度盘位置	照准点	水平度盘读数		2C(左－右±180°)	[左＋(右±180 °)]/2	水平角
		盘左(L)	盘右(R)			
		° ′ ″	° ′ ″	″	° ′ ″	° ′ ″
顺 0 °	1 低点					
	2 高点					
顺 30 °	1 低点					
	2 高点					
顺 60°	1 低点					
	2 高点					
顺 90 °	1 低点					
	2 高点					
顺 120 °	1 低点					
	2 高点					
顺 150 °	1 低点					
	2 高点					

六、注意事项

(1)全站仪安放到三脚架上后必须立即将中心连接螺旋旋紧,以防仪器从脚架上掉下摔坏。

(2)开箱后先看清仪器放置情况及箱内附件情况,用双手取出仪器并随手关箱。

(3)转动各螺旋时要稳、轻、慢,不能用力太大。仪器旋钮不宜拧得过紧,微动螺旋只能用到适中位置,不宜太过头。螺旋转到头要返转回来少许,切勿继续再转,以防脱扣。

(4)仪器装箱一般要松开水平制动螺旋,试着合上箱盖,不可用力过猛,以免压坏仪器。

七、思考题

(1)视准轴误差和水平轴倾斜误差满足什么条件可以进行四等面控制测量?

(2)高低法测定视准轴误差和水平轴倾斜误差的原理是什么?

(3)竖直角的指标差如何消除?

实验二　水平方向观测

一、目的和要求

(1)掌握精密全站仪的光学对中与整平的方法.

(2)掌握方向观测法、记录和计算的方法及步骤。

(3)要求每个学生能观测一测回的方向观测成果。

二、仪器和工具

全站仪(2″级)1 台、脚架 1 个、铅笔 1 支、记录纸 1 份、记录板 1 块。

三、实验内容

3～4 个水平方向观测方法的操作。

四、实验方法与步骤

方向观测法的特征是在一测回中把测站上所有要观测的方向逐一照准进行观测,并在水平度盘上读数,求出各方向的方向观测值。三角网计算时所需要的水平角均可从有关的两个方向观测值相减得出。

设在测站上有 1,2,…,n 个方向要观测,并选定边长适中、通视条件良好、成像清晰稳定的方向 1 作为观测的起始方向(又称零方向),如图 2-1 所示。上半测回用盘左位置先照准零方向,然后按顺时针方向转动照准部依次照准方向 2,3,…,n 再闭合到方向 1,并分别在水平度盘上读数。下半测回用盘右位置,仍然先照准零方向 1,然后逆时针方向转动照准部接相反次序照准方向 n ,…,2,1,并分别在水平度盘上读数。

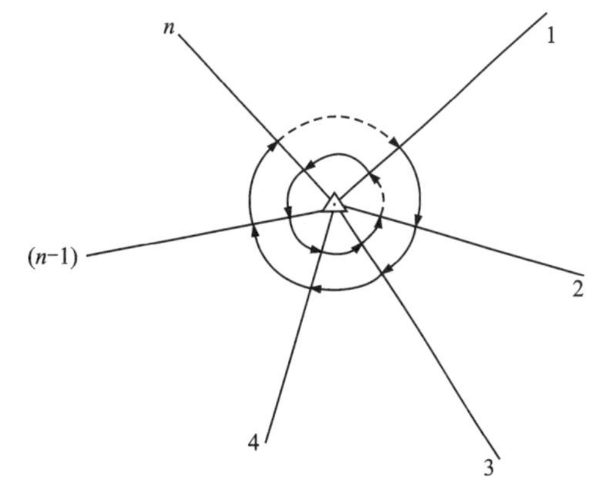

图 2-1　方向法观测示意图

除了观测方向数较少(规范规定不大于 3)的站以外,一般都要求每半测回观测闭合到起始方向(如以上所述的观测程序)以检查观测过程中水平度盘有无方位的变动。此时每半测回观测构成一个闭合圆,所以这种观测方法又被称为全圆方向观测法。

方向观测法的观测测回数是根据三角测量的等级和所用仪器的类型确定的,见表 2-3。

表 2-3　方向法观测的测回数

仪器	二等	三等	四等
	测回数		
1″级	15	9	6
2″级		12	9

(1)按全圆方向观测法用2″级全站仪观测,在每半测回观测结束时,应立即计算归零差,即对零方向闭合照准和起始照准时的读数差,以检查其是否超过限差规定(按四等精度,对于1″级仪器,归零差为6″;对于2″级仪器,归零差为8″)。

(2)当下半测回观测结束时,除应计算下半测回的归零差外,还应计算各方向盘左、盘右的读数差,即计算各方向的2*C*值,以便检核一测回中各方向的2*C*互差是否超过限差规定(按四等精度,对于1″级仪器,2*C*互差为9″;对于2″级仪器,2*C*互差为13″)。如各方向的2*C*值互差符合限差规定,则取各方向盘左、盘右读数的平均值,作为这一测回中的方向观测值。对于零方向,有闭合照准和起始照准两个方向值,一般取其平均值作为零方向在这一测回中的最后方向观测值。将其他方向的方向观测值减去零方向的方向观测值,就得到归零后各方向的方向观测值,此时零方向归零后的方向观测值为0°00′00.0″。

(3)将不同度盘位置的各测回方向观测值都归零,然后比较同一方向在不同测回中的方向观测值,它们的互差应小于规定的限差,一般称这种限差为“测回差”(按四等精度,同一方向各测回互差对于1″级仪器为6″,对于2″级仪器为9″)。

五、记录格式

记录格式见表2-4。

表2-4　水平方向观测手簿

日期：　　　　　　　　仪器型号：

天气：　　　　　　　　班级：　　　　　　组长：　　　　　　组员：

测回数	目标	读数		2C=左－(右±180°)	平均读数=[左+(右±180°)]/2	归零后方向值	各测回归零方向值的平均值	备注
		盘左	盘右					
		° ′ ″	° ′ ″	″	° ′ ″	° ′ ″	° ′ ″	

六、注意事项

(1)全站仪安放到三脚架上后必须立即将中心连接螺旋旋紧，以防仪器从脚架上掉下摔坏。

(2)开箱后先看清仪器放置情况及箱内附件情况，用双手取出仪器并随手关箱。

(3)转动各螺旋时要稳、轻、慢，不能用力太大。仪器旋钮不宜拧得过紧，微动螺旋只能用到适中位置，不宜太过头。螺旋转到头要返转回来少许，切勿继续再转，以防脱扣。

(4)仪器装箱一般要松开水平制动螺旋，试着合上箱盖，不可用力过猛，以免压坏仪器。

七、思考题

(1)方向法观测的基本原理是什么？

(2)一测回内在瞄准各方向时能否调焦？为什么？

(3)什么是一测回 $2C$ 互差和各测回同一方向互差？

(4)一个测站各方向中有多少方向超限需重测该测站的所有观测方向？

实验三　六段比较法测定全站仪的加、乘常数

一、目的和要求

(1)掌握全站仪加、乘常数测定的原理与方法。

(2)会正确使用全站仪进行六段比较法测距。

(3)会用六段比较法计算全站仪的加常数。

二、仪器和工具

全站仪(2″级)1 台、脚架 1 个、三杆棱镜 1 套、铅笔 1 支、记录纸 1 份、皮尺 1 个。

三、实验内容

(1)六段比较法测距的观测方法。

(2)全站仪加、乘常数的计算方法。

四、实验方法与步骤

六段比较法是一种需要预先知道测线的精确长度与采用电磁波测距仪本身的测量成果对比,通过平差计算求定加、乘常数的方法。其基本做法是设置一条直线(其长度为几百米至 1km),将其分为六段,如图 2-2 所示。

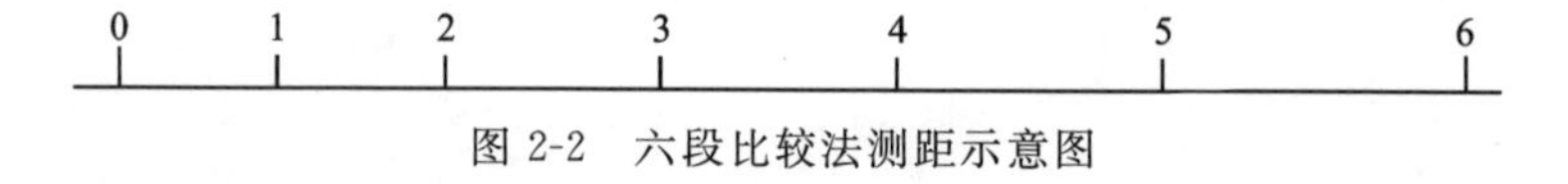

图 2-2　六段比较法测距示意图

具体作业步骤如下:平坦地面上设置的六段(各段距离可以不相等)距离上已经标注好各端点 0,1,2,…,6,在各端点上依次架设全站仪,按照全组合测距法,共需观测 21 个距离值,即 D_{01}、D_{02}、D_{03}、D_{04}、D_{05}、D_{06};D_{12}、D_{13}、D_{14}、D_{15}、D_{16};D_{23}、D_{24}、D_{25}、D_{26};D_{34}、D_{35}、D_{36};D_{45}、D_{46};D_{56}。

六段距离真值已知为 $\widetilde{D}_i(i=1,2,\cdots,6)$,以保证计算方便、准确,可以计算出任意两端点间的距离真值 21 个,即 $\widetilde{D}_{01}$,$\widetilde{D}_{02}$,$\widetilde{D}_{03}$,…,$\widetilde{D}_{56}$。

计算误差方程式的常数项 l_i:

$$l_i=\widetilde{D}_i-D_i \tag{2-3}$$

列误差方程式:

$$V_i=-K+D_iR+l_i \tag{2-4}$$

组法方程并解算。

按间接平差计算单位权中误差的公式计算一次测距误差 m_D,计算加常数测定中误差 m_K 和乘常数测定中误差 m_R,计算见表 2-5。

表 2-5 六段比较法记录表

测段	真值 $\tilde{D}_i$/m	量测值 D_i/m	差值 l_i $(\tilde{D}_i-D_i)$/mm	V_i/mm	平差值 $\bar{D}$ (D_i+V_i)/m
0～1					
0～2					
0～3					
0～4					
0～5					
0～6					
1～2					
1～3					
1～4					
1～5					
1～6					
2～3					
2～4					
2～5					
2～6					
3～4					
3～5					
3～6					
4～5					
4～6					
5～6					

$K=$　　　　　　　　$R=$

$m_K=$　　　　　　　　$m_R=$

班级：　　　　　　　　组长：　　　　　　　　组员：

六、注意事项

(1)全站仪安放到三脚架上后必须立即将中心连接螺旋旋紧,以防仪器从脚架上掉下摔坏。

(2)转动各螺旋时要稳、轻、慢,不能用力太大。仪器旋钮不宜拧得过紧,微动螺旋只能用到适中位置,不宜太过头。螺旋转到头要返转回来少许,切勿继续再转,以防脱扣。

(3)仪器装箱一般要松开水平制动螺旋,试着合上箱盖,不可用力过猛,以免压坏仪器。

(4)皮尺量取各段近似距离时,尽量将皮尺拉平并保持在一条水平线上。

(5)在测各段距离时各组使用棱镜要用同一棱镜。

七、思考题

(1)六段解析法测定全站仪加常数的基本原理是什么?

(2)在测定全站仪加常数时要考虑棱镜加常数吗?为什么?

(3)测定各段距离时棱镜为何要是同一棱镜?不是同一棱镜对测距有何影响?

实验四 水准仪 i 角误差的检验

一、目的和要求

(1)掌握精密数字水准仪 i 角误差的检验与校正的方法和步骤。

(2)要求每个小组能按本实验给出的表格测定出所用仪器的 i 角误差。

二、仪器和工具

精密数字水准仪 1 台、脚架 1 个、水准尺 1 对、记录纸 1 份、记录板 1 块。

三、实验内容

水准仪 i 角误差的检验。

四、实验方法与步骤

i 角是指水准轴和视准轴在垂直面上的投影不平行而成的夹角。测定 i 角的方法很多,但基本原理都相同,都是利用 i 角对水准尺上读数的影响与距离成比例这一特点,从而比较在不同距离的情况下水准尺上读数的差别而求出 i 角。i 角误差检验的步骤如下。

1. 准备

在平坦的场地上选择长为 61.8m 的直线 J_1 和 J_2,并将其分为长 $S=20.6$m 的三等份(距离用钢卷尺量取),在两分点 A、B(或 J_1、J_2)处各打下一木桩,并钉一圆帽钉。

2. 观测及计算

在 J_1、J_2(或 A、B)处先后架设仪器(表 2-6 的附图),整平仪器后,先粗平,使圆水准气泡居中,仪器自动精平,在 A、B 标尺上各照准读数 4 次。在 J_1 设站时,令 A、B 标尺上 4 次读数的中数为 a_1 和 b_1;在 J_2 设站时为 a_2 和 b_2。若不顾及观测误差,则在 A、B 标尺上除去 i 角影响后的正确读数分别应为 a_1'、b_1'、a_2'、b_2'。

在测站 J_1 和 J_2 上得到 A、B 点的正确高差分别为:

$$h_1' = a_1' - b_1' = (a_1 - \Delta) - (b_1 - 2\Delta) = a_1 - b_1 + \Delta \tag{2-5}$$

$$h_2' = a_2' - b_2' = (a_2 - 2\Delta) - (b_2 - \Delta) = a_2 - b_2 - \Delta \tag{2-6}$$

$$2\Delta = (a_2 - b_2) - (a_1 - b_1) \tag{2-7}$$

$$2\Delta = h_2 - h_1 \tag{2-8}$$

$$\Delta = \frac{1}{2}(h_2 - h_1) \tag{2-9}$$

由表 2-6 中附图知:

$$\Delta = i''S\frac{1}{\rho''},\text{故 } i'' = \frac{\rho''}{S}\Delta$$

为了简化计算，测定时使 $S=20.6\text{m}$，则 $i''=10\Delta$ 。

五、记录格式

记录格式见表 2-6。

表 2-6　i 角的检验

仪器：　　　　　　　　　　　　　　　　观测者：

日期：　　　　　　成像：　　　　　　　记录者：

仪器站	观测次序	标尺读数		高差	i 角的计算
		A 标尺读数 a	B 标尺读数 b	$a-b$ /mm	
J_1	1				A、B 标尺间距离 $S=20.6\text{m}$ $2\Delta=(a_2-b_2)-(a_1-b_1)$ $r''=\frac{\rho''}{S}\Delta=10\Delta$ 校正后 A、B 标尺上正确的读数 a_2'、b_2' 为：$a_2'=a_2-2\Delta$，$b_2'=b_2-\Delta$
	2				
	3				
	4				
	中数				
J_2	1				
	2				
	3				
	4				
	中数				

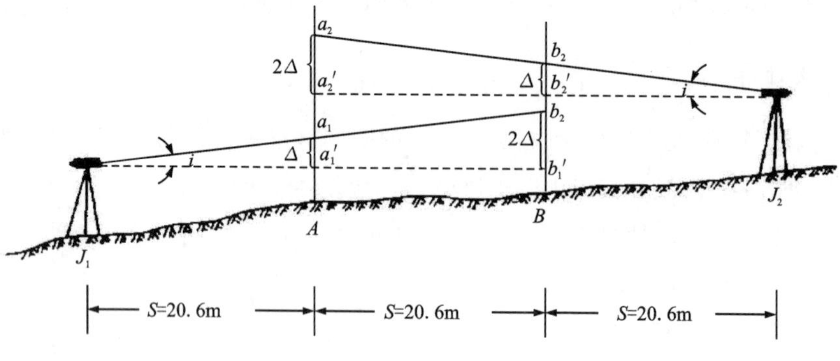

六、注意事项

(1)水准仪安放到三脚架上后必须立即将中心连接螺旋旋紧，以防仪器从脚架上掉下摔坏。

(2)转动各螺旋时要稳、轻、慢，不能用力太大。仪器旋钮不宜拧得过紧，微动螺旋只能用到适中位置，不宜太过头。螺旋转到头要返转回来少许，切勿继续再转，以防脱扣。

(3)仪器装箱一般要松开水平制动螺旋,试着合上箱盖,不可用力过猛,以免压坏仪器。

(4)在地势平坦的地方进行三段 20.6m 距离量测时,应尽量在一条直线上。

(5)测高差时注意满足各项限差的要求。

七、思考题

(1)水准仪 i 角误差检验的基本原理是什么?

(2)水准仪 i 角误差如何消除?

(3)水准仪在观测水准尺时,水准尺分别向前、后、左、右倾斜对观测有何影响?

(4)水准仪检验 i 角时,为何选三段 20.6m?可以任意选三段相等的距离进行 i 角检验吗?

实验五　精密水准测量

一、目的和要求

(1)掌握精密水准仪的操作方法。

(2)掌握二等水准测量的观测方法、记录和计算步骤。

(3)要求每个学生至少观测 2 个测站的水准观测成果和记录成果,每个小组组成 1 个闭合水准路线。水准路线闭合差限差为 $4\sqrt{L}$(mm)(L 为水准路线的总距离,单位为 km)。

二、仪器和工具

精密数字水准仪 1 台、脚架 1 个、水准尺 1 对、记录纸 1 份、记录板 1 块。

三、实验内容

(1)精密数字水准仪的操作方法。

(2)闭合水准路线的二等水准测量。

四、实验方法与步骤

1. 观测程序

在相邻测站上,按奇数、偶数测站的观测程序进行观测。

对于在测奇数测站:后—前—前—后;对于在测偶数测站:前—后—后—前。返测时同样的观测顺序,每测段往测和返测的测站数应为偶数,往返转为返测时,两根标尺应互换位置,并应重新整置仪器。

2. 操作步骤

以在测奇数测站为例来说明在一个测站上的具体观测步骤。

(1)整平仪器。注意每次读数前气泡均要居中。

(2)数字水准仪观测程序里设置观测顺序和观测限差。观测顺序为奇偶交替,奇数站观测顺序为后—前—前—后,偶数站观测顺序为前—后—后—前。一个测站的前距或后距≤50m,前后距离差≤1m,前后视距累积差≤3m,同一根尺两次读数之差≤0.4mm,两次高差读数差≤0.6mm。

(3)旋转望远镜照准后视条码尺,按“测量”键,作为备份将数据记入手簿第①②栏。然后转动望远镜照准前视条码尺,按“测量”键,作为备份将数据记入手簿第③④栏。

(4)再次照准前视条码尺,按“测量”键,做第二次的观测,作为备份将数据记入手簿第⑤栏。

(5)旋转望远镜照准后视条码尺,做第二次的观测,作为备份将数据记入手簿第⑥栏,检验两次读数差⑦⑧是否满足限差。

(6)满足限差后，记录手簿上完成⑨⑩⑪⑫⑬⑭。以上就是一个测站上全部操作与观测数据备份过程。同理完成各测站的水准测量，最后导出数据(要求水准路线测量前先在数字水准仪里建立文件，测完保存)。

五、记录格式

记录格式见表 2-7。

表 2-7　二等水准观测记录表

往测自 ________ 至 ________　　日期：　年　月　日　　天气：

观测者：　　记录者：

<table>
<tr><td rowspan="3">测站编号</td><td>后尺</td><td>前尺</td><td rowspan="3">方向及尺号</td><td colspan="2">标尺读数</td><td rowspan="3">两次差值/mm</td><td rowspan="3">备注</td></tr>
<tr><td>后距/m</td><td>前距/m</td><td rowspan="2">第一次读数/m</td><td rowspan="2">第二次读数/m</td></tr>
<tr><td>视距差 d</td><td>$\sum d$</td></tr>
<tr><td rowspan="4">1</td><td rowspan="2">②</td><td rowspan="2">④</td><td>后</td><td>①</td><td>⑥</td><td>⑧</td><td rowspan="12"></td></tr>
<tr><td>前</td><td>③</td><td>⑤</td><td>⑦</td></tr>
<tr><td rowspan="2">⑩</td><td rowspan="2">⑪</td><td>后—前</td><td>⑫</td><td>⑬</td><td>⑨</td></tr>
<tr><td>h</td><td colspan="3">⑭</td></tr>
<tr><td rowspan="4">2</td><td rowspan="2">④</td><td rowspan="2">②</td><td>后</td><td>③</td><td>⑤</td><td>⑦</td></tr>
<tr><td>前</td><td>①</td><td>⑥</td><td>⑧</td></tr>
<tr><td rowspan="2">⑩</td><td rowspan="2">⑪</td><td>后—前</td><td>⑫</td><td>⑬</td><td>⑨</td></tr>
<tr><td>h</td><td colspan="3">⑭</td></tr>
<tr><td rowspan="4"></td><td rowspan="2"></td><td rowspan="2"></td><td>后</td><td></td><td></td><td></td></tr>
<tr><td>前</td><td></td><td></td><td></td></tr>
<tr><td rowspan="2"></td><td rowspan="2"></td><td>后—前</td><td></td><td></td><td></td></tr>
<tr><td>h</td><td colspan="3"></td></tr>
</table>

六、注意事项

(1)水准仪安放到三脚架上后必须立即将中心连接螺旋旋紧，以防仪器从脚架上掉下摔坏。

(2)每站观测结束须检查备份记录、计算，经确认各项限差合格后，才能迁至下一站。

七、思考题

(1)二等精密水准仪测量的基本原理是什么?

(2)精密数字水准仪的操作步骤是什么?

(3)二等精密水准测量的误差来源有哪些?采取哪些措施减弱其影响?

第三章　工程测量课间实验

实验一　全站仪平面坐标放样

一、目的和要求

(1)熟悉全站仪的基本操作,熟悉坐标放样的原理。

(2)掌握全站仪直接坐标法与极坐标法测设点平面位置的方法。

(3)要求每组用全站仪直接坐标法与极坐标法各至少放样 2 个点。

二、仪器和工具

每组全站仪 1 台、棱镜 2 个、对中杆 1 个、木桩 2 个、钢卷尺 1 把、记录板 1 个。

三、实验方法与步骤

1. 计算用极坐标法放样的测设数据

假定地面有 2 个控制点 A 和 B,起点 A 坐标为(x_A , y_A),B 坐标为(x_B , y_B)。已知建筑物轴线上 P 点和 Q 点的距离为 15.00m,P 点为(x_P , y_P),Q 点为(x_Q , y_Q)。要求在实地确定 P 点和 Q 点的地面位置,如图 3-1 所示。

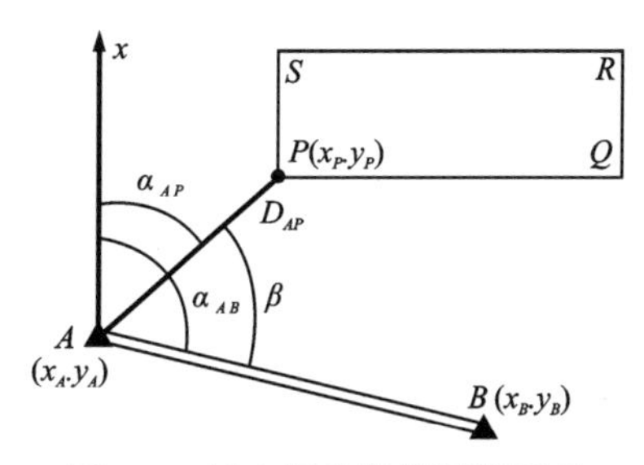

图 3-1　极坐标法放样测设原理

计算测设数据的方法如下。

(1)计算 AB、AP 边的坐标方位角,计算反正切角度,需判断该直线位于哪个坐标象限,当直线位于第一象限时,计算坐标方位角的公式如下:

$$\alpha_{AB} = \arctan\frac{\Delta y_{AB}}{\Delta x_{AB}}；\alpha_{AP} = \arctan\frac{\Delta y_{AP}}{\Delta x_{AP}} \tag{3-1}$$

当位于第二象限时，AB 与 AP 直线的方位角分别为 $\pi-|\alpha_{AB}|$、$\pi-|\alpha_{AP}|$；
当位于第三象限时，AB 与 AP 直线的方位角分别为 $\pi+|\alpha_{AB}|$、$\pi+|\alpha_{AP}|$；
当位于第四象限时，AB 与 AP 直线的方位角分别为 $2\pi-|\alpha_{AB}|$、$2\pi-|\alpha_{AP}|$。

(2)计算 AP 与 AB 之间的夹角 β，计算公式为：

$$\beta = \alpha_{AB} - \alpha_{AP} \tag{3-2}$$

(3)计算 A、P 两点间的水平距离，计算公式为：

$$D_{AP} = \sqrt{(x_P - x_A)^2 + (y_P - y_A)^2} = \sqrt{\Delta x_{AP}^2 + \Delta y_{AP}^2} \tag{3-3}$$

测设数据计算见表 3-1。

表 3-1　测设数据计算表

$\tan\alpha_{AB}$ = ＿＿＿＿＿ = $\tan\alpha_{AP}$ = ＿＿＿＿＿ =	α_{AB} = α_{AP} =
距离计算：S_{AP} = ＿＿＿＿＿ =	S_{AQ} = ＿＿＿＿＿ =
$\beta = \alpha_{AB} - \alpha_{AP}$ =	

测设后经检查，P 点与 Q 点的距离 S_{PQ} = ＿＿＿＿；与已知值 15.00m 相差＿＿＿＿cm。

2. 实地测设

1)方法一：全站仪直接坐标法测设点的平面位置

(1)选取 A、B 两个已知点，A 点作为测站点，B 点作为后视点。

(2)取出全站仪，在 A 点安置全站仪，开启全站仪，对中、整平后量取仪器高。

(3)设置参数：PPM(大气改正数)、PSM(棱镜常数)及大气温度、气压等，一般仪器通过按键盘上的星(*)键设置。以南方 NTS-660R 系列全站仪为例，仪器参数设置如图 3-2 所示。

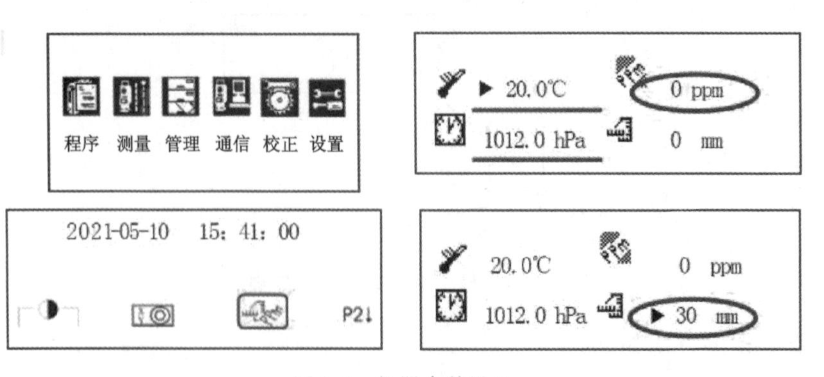

图 3-2　仪器参数设置

(4)将棱镜置于后视点 B，转动全站仪，使全站仪十字丝中心对准棱镜中心。

(5)选择“程序”进入程序界面，选择“坐标放样”，进入坐标放样界面，选择“设置方向角”，进入后设置测站点点名 A，输入测站点坐标及高程，如图 3-3 所示，确定后进入设置后视点界面，如图 3-4 所示，设置后视点点名 B，确认全站仪对准棱镜中心后输入后视点坐标及高程，点“确定”后弹出设置方向值界面并选择“是”，设置完毕(不同仪器操作方法有差异)。

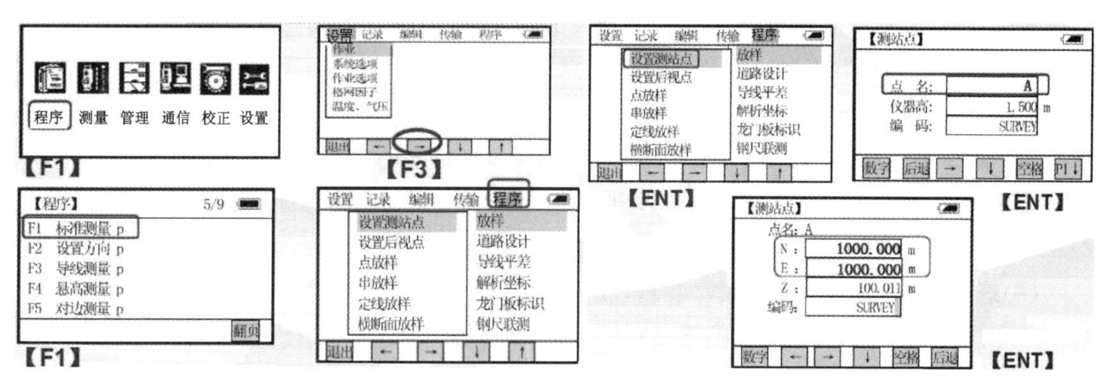

图 3-3　进入程序设置测站点的坐标

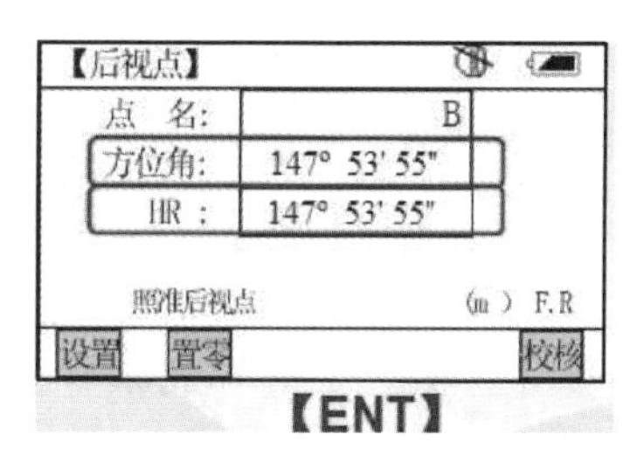

图 3-4　输入后视点的方位角(或者输入后视点的坐标)

(6)然后进入设置放样点界面，如图 3-5 所示，首先输入仪器高，点“确定”，接着输入放样点点名“P”，确定后输入放样点坐标及高程，点“确定”后输入棱镜高(目标高)，此时放样点参数设置结束，开始进行放样。

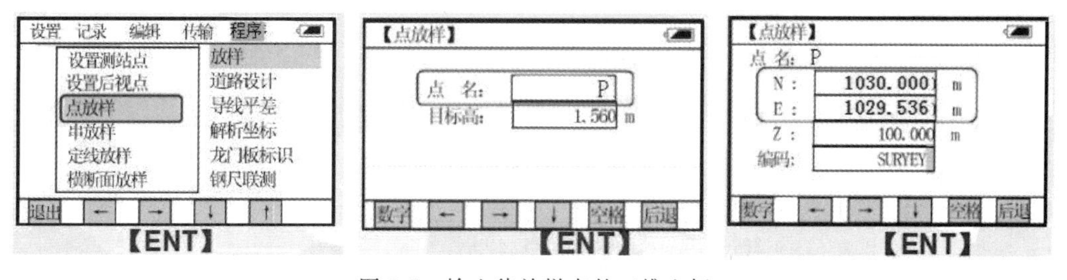

图 3-5　输入待放样点的三维坐标

(7)在放样界面按“ANG”键，进入“角度”模式，进行角度调整，如图 3-6 所示，转动全站仪将 dHR 项参数调至零，并固定全站仪水平制动螺旋，然后指挥持棱镜者将棱镜立于全站仪正对的地方，调节全站仪垂直制动螺旋及垂直微动螺旋使全站仪十字丝居于棱镜中心，此时棱镜位于全站仪与放样点的连线上，仪器面板上 dHR 项参数为 0°00′00″；接着按“DIST”键，进入“距离”模式，不停地调整棱镜与仪器之间的距离，进行距离测量，若 dHD 值为负，则棱镜需

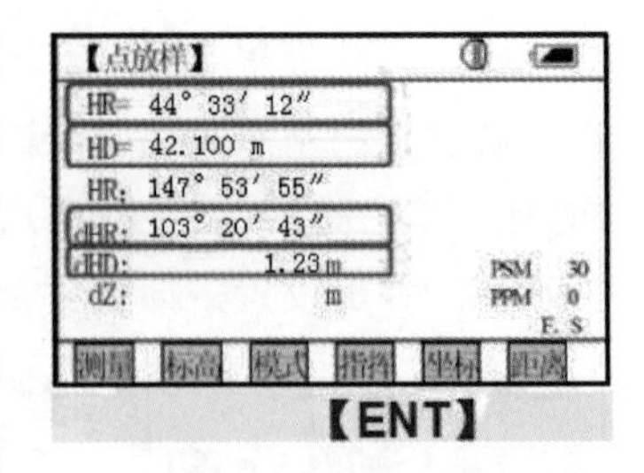

图 3-6 点位放样

向远离全站仪的方向行走，反之向靠近全站仪的方向行走，直至dHD的值为零时棱镜所处的位置即为放样点，将该点标记，第一个放样点放样结束。然后进入下一个放样点的设置并进行放样，直至所有放样点放样结束。

其中：HR为测站点到放样点的水平角计算值；HD为仪器到放样点的水平距离计算值；dHR为到放样点方向仪器应转动的水平角，即实测水平角减去计算的水平角；dHD为实测点到放样点的水平距离，即实测值减去计算值。

水平旋转全站仪的照准部，将dHR项参数调至零；指挥立镜员前、后、左、右移动直到dHD显示数据为零。

(8)退出程序后关机，收好仪器装箱，放样工作结束。

2)方法二：极坐标法测设点的平面位置

根据计算的放样数据，现场进行放样，同样需要进行仪器的参数设置，但无需进行测站点、待测点、后视点的坐标输入设置。

(1)在 A 点安置全站仪，对中、整平。在盘左位置瞄准 B 点，度盘读数置零。

(2)逆时针旋转照准部，使度盘读数在 β 附近，制动照准部。以水平微动螺旋微动照准部，使度盘读数精确为 β。在该视线方向上以距离 S_{AP} 定出一点 P_1。

(3)同法使用盘右位置，再定出一点 P_2；取 P_1、P_2 的中点为 P。

(4)从 A 点沿 P 点方向精确量出一段距离 S_{AP}，得放样点 P 的最终平面位置，并在地面上打入桩位。第一个放样点放样结束，然后进入下一个放样点的设置并进行放样，直至所有放样点放样结束。

(5)退出程序后关机，收好仪器装箱，放样工作结束。

放样点及实测数据见表 3-2。

表 3-2 放样点及实测数据表

测量部位及桩号：			观测日期：			天气：		
仪器型号：			实习小组名单：					
测站名称	后视点	放样点	设计坐标/m		实测坐标/m		偏差/mm	
			X	Y	X	Y	X	Y
IP04			4 337 040.975	504 911.499				
	IP03		4 336 875.126	504 538.245				
		K7+670	4 337 018.359	504 867.651	4 337 018.362	504 867.650	3	−1
		K7+930	4 337 042.948	504 922.381	4 337 042.945	504 922.381	−3	0
		K7+960	4 337 051.683	501 950.968	4 337 051.684	501 950.966	1	2
		K7+990	4 337 051.611	504 980.856	4 337 051.614	504 980.858	3	2
附注：施工放样测量(或复测)示意图								

四、注意事项

不同厂家生产的全站仪在数据输入、测设过程中的某些操作可能会稍不一样，在实际工作中应仔细阅读说明书。测设出待定点后，应用坐标测量法测出该点坐标与设计坐标进行检核。

五、思考题

(1)已知地面控制点 A、B 的坐标，如何计算 AB 直线的坐标方位角 α_{AB}？

(2)已知地面控制点 A、B 的坐标及设计点 P 的坐标，如何计算夹角 $\angle PAB$。

(3)阐述三维坐标直接测设点的平面位置的具体流程。

(4)阐述极坐标法测设点的平面位置的具体流程。

实验二　利用角度前方交会法进行点位放样

一、目的和要求

(1)掌握坐标方位角及放样元素的计算方法。

(2)掌握用角度交会法进行控制桩放样的详细测设方法。

前方交会法放样点位是根据放样点和控制点的坐标计算出放样元素(即交会角度与方向),然后在现场按其放样元素将放样点标定在地面上的一种点位放样方法。它适用于放样点位能同时通视 2～3 个已知控制点,但该点与控制点较远或不便于量距时(如桥墩中心点)。

二、仪器和工具

全站仪 2 台(两小组各 1 台组成 1 个放样组)、钢尺 1 把、标杆 2 根、测钎 10 个、木桩 3 个、榔头 1 把、记录板 1 块、计算器 1 个。

三、实验方法与步骤

1. 前方交会观测的技术要求

前方交会法观测的技术要求具体见表 3-3。

表 3-3　前方交会法观测的技术要求表

精度要求/mm	测角中误差/(″)	交会边长/m	交会角/(°)
±3	±1.0 ±1.8	≤200	30～120 60～120
±5	±1.8 ±2.5	≤250	40～140 60～120

采用测角前方交会法测设放样点时的技术要求如下。

(1)组成两(多)组交会图形分别进行坐标计算,测站点位之差小于 $M_P/\sqrt{2}$(M_P 为轮廓放样点相对于邻近基本控制点的限差)。

(2)交会角 50°～120°,交会边长不超过 400m。

2. 测设实例

已知 A、B 两点及待测设点 P 的坐标,如图 3-7 所示,计算其放样数据,见表 3-4。

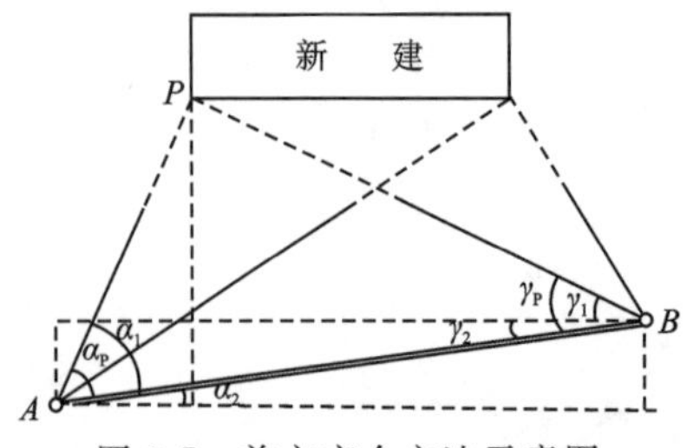

图 3-7　前方交会方法示意图

表 3-4　角度交会法定位数据计算示例表

点位	已知数据/m		点位关系	放线定位数据/m		坐标方位角
	x	y		Δx	Δy	
A	500.000	400.000	$A\sim P$	71.250	30.950	23°28′46″
B	521.060	501.340	$B\sim P$	50.190	−70.390	305°29′24″
P	571.250	430.950	$A\sim B$	21.060	101.340	78°15′37″

3.观测方法

(1)在 A 点安置全站仪,盘左后视 B 点,逆时针旋转 $\alpha_P = \angle PAB = 54°46'51''$;在 B 点安置全站仪,盘左后视 A 点,顺时针旋转 $\gamma_P = \angle PBA = 47°13'47''$。在上述 AP 方向与 BP 方向上,一人持花杆立在 P 点处听候指挥,打十字木桩,每个方向打 2 点或 3 点,距离要适当延长。这样采用“骑马桩”,来交会得到中心桩。当两个前视方向都精确瞄准花杆时,两条前视方向线交于一点,即为定出的 P_1 点。

(2)盘右重复步骤(1)的操作,则可定出 P_2 点。

(3)若 P_1、P_2 的距离在允许值内(一般应小于 20mm),则 P_1、P_2 的中点即为要测设的主轴线点。

(4)用同样的方法可定出其他点。

(5)检核,丈量 PQ 长度并与设计长度相比较,其相对误差应小于 1/3000。

四、精度评定

采用如下公式进行前方交会法观测的点位中误差计算:

$$M_P = \pm \frac{m_\beta \sqrt{a^2 + b^2}}{\rho \sin(\beta_1 + \beta_2)} \tag{3-4}$$

式中,M_P 为测站点的点位中误差;m_β 为水平角观测中误差,(″);a、b 为交会的边长,m;ρ 为常数,ρ=206 265″;β_1、β_2 为水平观测角。

五、思考题

(1)什么叫危险圆?

(2)在前方交会过程中,可否只使用盘左或者只使用盘右进行交会定点?

实验三　圆曲线主点测设

一、目的和要求

(1)掌握圆曲线主点里程的计算方法。

(2)学会路线交点转角的测定方法。

(3)熟悉圆曲线主点的测设方法和测设过程。

二、仪器和工具

(1)由仪器室借领:全站仪 1 台、棱镜 2 个、木桩若干个、测钎 3 个、皮尺 1 把、记录板 1 块。

(2)自备:计算器、铅笔、小刀、计算用纸。

三、实习方法与步骤

(1)在平坦地区定出路线导线的 3 个交点(JD_1、JD_2、JD_3),如图 3-8 所示,并在所选点上用木桩标定其位置。导线边长要大于 30m,目估 $\beta_{右}<145°$。

(2)在交点 JD_2 上安置全站仪,用测回法观测出 $\beta_{右}$,并计算出转角 $\alpha_{右}$:

$$\alpha_{右}=180°-\beta_{右} \tag{3-5}$$

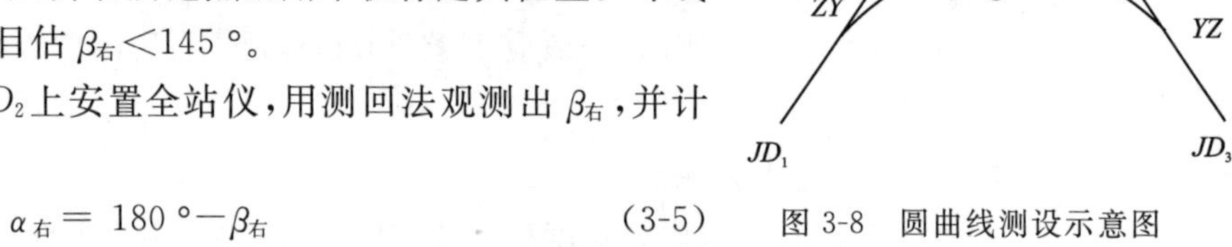

图 3-8　圆曲线测设示意图

(3)假定圆曲线半径 $R=100$m,然后根据 R 和 $\alpha_{右}$,计算曲线测设元素 L、T、E、D。计算公式如下:

$$切线长\ T=R\tan\frac{\alpha}{2} \tag{3-6}$$

$$曲线长\ L=R\alpha\ \frac{\pi}{180°} \tag{3-7}$$

$$外距\ E=R(\sec\frac{\alpha}{2}-1) \tag{3-8}$$

$$切曲差\ D=2T-L \tag{3-9}$$

(4)计算圆曲线主点的里程(假定 JD_2 的里程为 $K10+110.88$m)。计算公式如下:

$$\begin{array}{ll} JD_2 & K10+110.88\text{m} \\ -) & T \\ \hline & ZY \\ +) & L \\ \hline & YZ \\ -) & L/2 \\ \hline & QZ \\ +) & D/2 \\ \hline JD_2 & K10+110.88\text{m}\quad(校核计算) \end{array} \tag{3-10}$$

(5)设置圆曲线主点：①在 JD_2 上安置全站仪，对中、整平后照准 JD_1 上的测量标志。②在 JD_2-JD_1 方向线上，自 JD_2 量取切线长 T，得圆曲线起点 ZY，插 1 个测钎作为起点桩。③转动全站仪并照准 JD_3 上的测量标志，拧紧水平和竖直制动螺旋。④在 JD_2-JD_3 方向线上，自 JD_2 量取切线长 T，得圆曲线终点 YZ，插 1 个测钎作为终点桩。⑤用全站仪设置 $\beta_{右}/2$ 的方向线，即 $\beta_{右}$ 的角平分线。在此角平分线上自 JD_2 量取外距 E，得圆曲线中点 QZ，插 1 个测钎作为中点桩。

(6)站在曲线内侧观察 ZY、QZ、YZ 桩是否有圆曲线的线形，以作为概略检核。

(7)小组成员相互交换工种后重复(1)(2)(3)的步骤，看两次设置的主点位置是否重合。如果不重合，而且差得太大，那就要查找原因，再重新测设。如在容许范围内，则点位即可确定，测设数据记录见表 3-5。

表 3-5　圆曲线主点测设数据记录表

日期：　　　　班级：　　　　组别：　　　　观测者：　　　　记录者：

<table>
<tr><td colspan="3">交点号</td><td colspan="4">交点里程</td></tr>
<tr><td rowspan="5">转角
观测
结果</td><td>度盘位置</td><td>目标</td><td>水平度盘读数</td><td>半测回右角值</td><td>右角</td><td>转角</td></tr>
<tr><td rowspan="2">盘左</td><td>JD_1</td><td></td><td rowspan="2"></td><td rowspan="4"></td><td rowspan="4"></td></tr>
<tr><td>JD_3</td><td></td></tr>
<tr><td rowspan="2">盘右</td><td>JD_1</td><td></td><td rowspan="2"></td></tr>
<tr><td>JD_3</td><td></td></tr>
<tr><td>曲线元素</td><td colspan="6">R(半径)=100m　　　T(切线长)=　　m　　　E(外距)=　　m
$\alpha_{右}$(转角)=　°　′　″　　　L(曲线长)=　　m</td></tr>
<tr><td>主点里程</td><td colspan="6">ZY 桩号：　　　　　QZ 桩号：
YZ 桩号：</td></tr>
<tr><td></td><td colspan="3">测设草图</td><td colspan="3">测设方法</td></tr>
<tr><td>主点
测设
方法</td><td colspan="3">JD_2
$\alpha_{右}$
$\beta_{右}$
YZ
QZ
ZY</td><td colspan="3">①先确定 JD_2、JD_1、JD_3 三个点。
②仪器架在 JD_2，测量 $\beta_{右}$。
③求出 $\alpha_{右}=180°-\beta_{右}$。
④利用公式求出结果</td></tr>
<tr><td>备注</td><td colspan="6"></td></tr>
</table>

四、注意事项

(1)为使实习直观便利、克服场地的限制，本次实习规定：$30° < \alpha_{右} < 40°$，$R=100$m。

(2)计算主点里程时要两人独立计算，加强校核，以防算错。

(3)本次实习事项较多，小组人员要紧密配合，保证实习顺利完成。

五、思考题

(1)圆曲线的主点有哪些?

(2)如何计算右转角 $\alpha_{右}$?

实验四　偏角法圆曲线详细测设

一、目的和要求

(1)掌握用偏角法详细测设圆曲线时测设元素的计算方法。

(2)掌握用偏角法进行圆曲线详细测设的方法和步骤。

二、仪器和工具

(1)由仪器室借领：全站仪1台、钢尺1把、木桩若干个、测钎3个、皮尺1把、记录板1块。

(2)自备：计算器、铅笔、小刀、计算用纸。

三、实验要求

(1)每5m弧长测设1个细部点。

(2)圆曲线细部放样到终点时，角度拟合误差$\leqslant 3'$，距离拟合误差$\Delta S/L \leqslant 1/1000$(式中，$\Delta S$为与终点不拟合相差的距离；$L$为曲线长度)。

四、实验方法与步骤

1. 测设原理

偏角法测设的实质就是角度与距离的交会法，它是以曲线起点ZY或曲线终点YZ至曲线上任一点P_i的弦长与切线T之间的弦切角Δ_i(即偏角)和相邻点间的弦长c_i来确定P_i点的位置，如图3-9所示。偏角法测设的关键是偏角计算及测站点仪器定向。偏角及弦长的计算公式如下：

$$\Delta_i = \frac{\varphi_i}{2} = \frac{l_i}{2R} \cdot \frac{180^\circ}{\pi}, \quad c_i = 2R\sin\frac{\varphi_i}{2} \tag{3-11}$$

式中，φ_i为弦长c_i对应的圆心角；R为圆曲半径；弦长c_i与其对应圆弧l_i的弧弦差为：$\delta_i = l_i - c_i = \frac{l_i^3}{24R^3}$。由此可知，圆曲线半径越大，其弧弦差越小。因此，当圆曲线半径较大时，且相邻两点间的距离不超过20m时，可用弧长代替相应的弦长，其代替误差远小于测设误差。

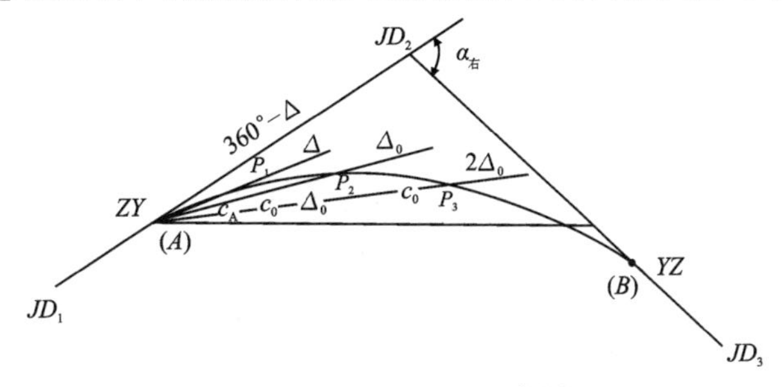

图3-9　偏角法测设示意图

2.测设方法

圆曲线详细测设前首先应把圆曲线主点测设出来，在此基础上再进行详细测设。

偏角法详细测设圆曲线又分为长弦法和短弦法。若在 ZY 点架设仪器，长弦法即在用仪器根据偏角标出了每个点的方向后，都是以 ZY 点为起点量取其弦长 c_i 与视线的交点定出待定点的。长弦法测设出的各点没有误差积累问题。短弦法则是在用仪器根据偏角标出了每个点的方向后，以前一个测设出的曲线点为起点量取整桩间距 c_0 与视线的交点来定出待定点的，所以短弦法存在误差积累问题。下面以长弦法为例说明测设步骤。

(1)在实习前首先按照本次实习所给的实例计算出所需测设数据(实例见后)。

(2)根据所算出的圆曲线主点里程设置圆曲线主点，其设置方法与圆曲线主点测设实习相同。

(3)将全站仪置于圆曲线起点 $ZY(A)$，对中、整平，水平度盘设置起始读数 $360°-\Delta$，后视交点 JD_2 得切线方向。

(4)转动照准部，使水平度盘读数为 $0°00'00''$(P_1 点的偏角读数)，得 AP_1 方向，沿此方向从 A 点量出首段弦长 c_A，得整桩 P_1，在 P_1 点上插一测钎。

(5)对照所计算的偏角表，转动照准部，使度盘对准整弧段 l_0 的偏角 Δ_0(P_2 点的偏角读数)，得 AP_2 方向，从 P_1 点量出整弧段的弦长 c_0，与 AP_2 方向线相交得 P_2 点，在 P_2 点上插一测钎。

(6)转动照准部，使度盘对准 $2l_0$ 的偏角 $2\Delta_0$(P_3 点的偏角读数)，得 AP_3 方向，从 P_2 点量出 c_0 与 AP_3 方向线相交得 P_3，在 P_3 点上插一测钎。

(7)以此类推定出其他各整桩点。

(8)最后应闭合于曲线终点 $YZ(B)$，当转动照准部使度盘对准偏角 $n\Delta_0+\Delta_B$(终点 B 的偏角读数)得 AB 方向，从 P_n 点量出尾弧段弦长 c_B，与 AB 方向线相交，其交点应为原设的 YZ 点，如果两者不重合，其闭合差一般不得超过如下规定，否则应检查原因，进行改正或重测。

半径方向(横向)：±0.1 m。

切线方向(纵向)：$\pm\frac{L}{1000}$，L 为曲线长。

如果将全站仪置于曲线终点 $YZ(B)$ 上，反拨偏角测设圆曲线(即路线为左转角时正拨偏角测设圆曲线)，其测设方法与正拨偏角测设方法基本相同。不同之处就是反拨偏角值等于360°减去正拨偏角。

五、注意事项

(1)本次实习是在圆曲线主点测设的基础上进行的，故对圆曲线主点测设的方法及要领应了如指掌。

(2)应在实习前将算例的全部测设数据计算出来，不能在实习中边算边测，以防时间不够或出错(如果时间允许，也可不用实例，直接测定右角后进行圆曲线的详细测设)。

(3)计算定向后视读数时先画出草图，以便认清几何关系，防止计算错误。

(4)注意偏角方向，区分正拨和反拨。

(5)中线桩以板桩标定，上书里程，面向线路起点方向。

(6)偏角法进行圆曲线详细测设也可从圆直点YZ开始,以同样的方法进行测设。但要注意偏角的拨转方向及水平度盘读数,与上半条曲线是相反的。

六、偏角法实例

已知:已知圆曲线的$R=200$m,交点JD里程为$K10+110.88$m,试按每10m一个整桩号,来阐述该圆曲线的主点及偏角法整桩号详细测设的步骤(转角视实习场地现场测定)。

(1)草图如图3-10所示。

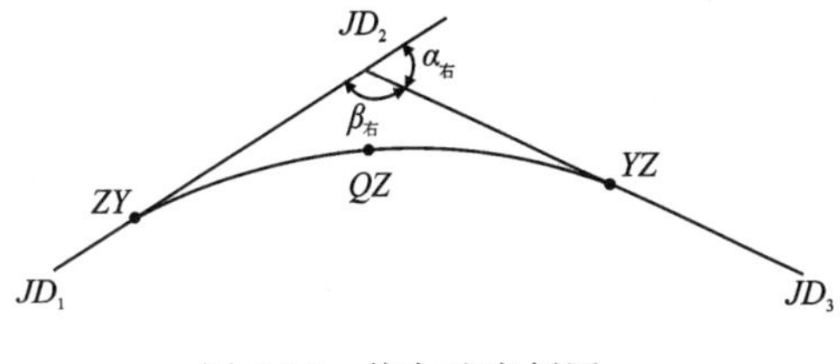

图3-10　偏角法实例图

转角点JD_2:$K10+110.88$m

实习场地使用仪器测出导线右侧角值$\beta_{右}$:

计算出右转角$\alpha_{右}$:

R(半径)= 200m　　T(切线长)=　　m

E(外距)=　　m　　L(曲线长)=　　m

(2)偏角计算。

①偏角计算见表3-6。

表3-6　曲线细部点偏角计算表

桩号	偏角 Δ_i	测设时度盘读数		备注
		盘左	盘右	
起点(或终点)	° ′ ″	° ′ ″		$l=10.0$m　　$c=$　　m 计算公式: $\Delta_i=\frac{\varphi_i}{2}=\frac{l_i}{2R}\cdot\frac{180°}{\pi}$ $c_i=2R\sin\frac{\varphi_i}{2}$ $\frac{\varphi}{2}=\frac{l}{2R}\cdot\frac{180°}{\pi}$ $c=2R\sin\frac{\varphi}{2}$
…				

②测设检查。从曲线起点开始测设圆曲线细部点。检查终点拟合误差:

角度误差=__________;距离误差=__________。

(3)计算主点里程。

$$
\begin{array}{ll}
JD_2 & K10+110.88\text{m} \\
-) & T \\
\hline
 & ZY \\
+) & L \\
\hline
 & YZ \\
-) & L/2 \\
\hline
 & QZ \\
+) & D/2 \\
\hline
JD_2 & K10+110.88\text{m}
\end{array}
$$
(校核计算)

(4)计算各桩点的偏角值(按整桩号法计算)。

(5)先标定 JD_2,并在其上安置全站仪,再标定 JD_1,用全站仪设置 $\alpha_{右}=34°30'$,标定 JD_3。

(6)进行圆曲线主点测设,参见圆曲线主点测设实习。

(7)用偏角法详细测设圆曲线,参见本次实习方法与步骤。

(8)绘制测设草图。

测设圆曲线数据见表 3-7。

表 3-7　偏角法详细测设圆曲线数据记录表

日期：　　　　班级：　　　　组别：　　　　观测者：　　　　记录者：

<table>
<tr><td colspan="3">交点号</td><td colspan="4">交点里程</td></tr>
<tr><td rowspan="5">转角观测结果</td><td>度盘位置</td><td>目标</td><td>水平度盘读数/(° ′ ″)</td><td>半测回右角值/(° ′ ″)</td><td>右角/(° ′ ″)</td><td>转角/(° ′ ″)</td></tr>
<tr><td rowspan="2">盘左</td><td>JD_1</td><td>338 36 15</td><td rowspan="2">85 02 10</td><td rowspan="4">85 02 19</td><td rowspan="4">94 57 41</td></tr>
<tr><td>JD_3</td><td>63 38 25</td></tr>
<tr><td rowspan="2">盘右</td><td>JD_1</td><td>158 36 02</td><td rowspan="2">85 02 28</td></tr>
<tr><td>JD_3</td><td>243 38 30</td></tr>
<tr><td>曲线元素</td><td colspan="6">R(半径)=200m　T(切线长)=45.84m　E(外距)=17.84m
$\alpha_{右}$(转角)=85°02′19″　L(曲线长)=74.21m</td></tr>
<tr><td>主点里程</td><td colspan="6">ZY 桩号:JD_1+65.03m　QZ 桩号:JD_1+102.14m
ZY 桩号:JD_1+139.24m</td></tr>
<tr><td colspan="7">各中桩的测设数据计算表</td></tr>
<tr><td>桩号</td><td colspan="2">各桩至起点(ZY或YZ)的曲线长度/m</td><td>偏角值/(° ′ ″)</td><td>偏角读数(水平度盘)/(° ′ ″)</td><td>相邻桩间弧长/m</td><td>相邻桩间弦长/m</td></tr>
<tr><td>JD_2</td><td colspan="2">0</td><td>0 00 00</td><td>0 00 00</td><td>0</td><td>0</td></tr>
<tr><td>75.03</td><td colspan="2">10</td><td>5 43 47</td><td>5 43 47</td><td>10</td><td>9.98</td></tr>
<tr><td>85.03</td><td colspan="2">20</td><td>11 27 34</td><td>11 27 34</td><td>10</td><td>19.87</td></tr>
<tr><td>95.03</td><td colspan="2">30</td><td>17 11 21</td><td>17 11 21</td><td>10</td><td>29.55</td></tr>
<tr><td>102.14</td><td colspan="2">37.10</td><td>21 15 34</td><td>21 15 34</td><td>7.10</td><td>36.26</td></tr>
<tr><td>112.14</td><td colspan="2">47.10</td><td>26 59 21</td><td>26 59 21</td><td>10</td><td>45.38</td></tr>
<tr><td>122.14</td><td colspan="2">57.10</td><td>32 43 08</td><td>32 43 08</td><td>10</td><td>54.05</td></tr>
<tr><td>132.14</td><td colspan="2">67.10</td><td>38 26 59</td><td>38 26 59</td><td>10</td><td>62.18</td></tr>
<tr><td>139.24</td><td colspan="2">74.20</td><td>42 31 09</td><td>42 31 09</td><td>7.10</td><td>67.58</td></tr>
<tr><td colspan="7">略图</td></tr>
</table>

六、思考题

(1)阐述偏角法详细测设圆曲线时测设元素的计算方法。

(2)阐述偏角法进行圆曲线详细测设的步骤。

实验五　切线支距法测设带有缓和曲线段的平曲线

一、目的和要求

(1)会用切线支距法测设带有缓和曲线段的平曲线。

(2)会计算曲线测设所需数据。

二、仪器和工具

(1)由仪器室借领:全站仪 1 台、钢尺或皮尺 1 把、十字方向架 1 个、小目标架 3 根、测钎 6 个、记录板 1 块。

(2)自备:计算器、铅笔、小刀、计算用纸。

三、实验方法与步骤

当时间较紧时,应在实习前按照本次实习所给的实例计算出测设曲线所需的数据,并按实例所述方法完成本次实习(实例见后)。

1. 主点测设

(1)选定 JD_1、JD_2、JD_3,目估使路线转角为 35 °左右,相邻交点间距不小于 80 m。

(2)在 JD_2安置全站仪,测定右角,设置分角线方向,并计算转角。

(3)假定 JD_2的里程桩号,根据实习场地的具体情况选定曲线半径 R、缓和曲线长 L_s。

(4)计算曲线元素。

$$T_h = (R+p)\tan\frac{\alpha}{2}+q\ ;\ p=\frac{L_s^2}{24R}\ ;\ q=\frac{L_s}{2}-\frac{L_s^3}{240R^2}$$

$$L_h = R(\alpha-2\beta_0)\frac{\pi}{180^\circ}+2L_s\ ;\ D_H = 2T_h - L_H\ ;\ E_h=(R+p)\sec\frac{\alpha}{2}-R$$

(5)计算曲线主点的里程桩号。

直缓点 $ZH=JD-T_h$;缓圆点 $HY=ZH+L_s$;圆缓点 $YH=HY+L_y$;缓直点 $HZ=YH+L_s$;曲中点 $QZ=HZ-Lq/2$;交点 $JD=QZ+Dy/2$(检核)。

(6)测设曲线主点按如下几步骤进行:①自 JD_2沿 JD_2-JD_1方向量切线长 T_h得 ZH 点;②自 JD_2沿 JD_2—JD_3方向量切线长 T_h得 HZ 点;③自 JD_2沿分角线方向量外距 E_h得 QZ 点;④自 ZH 沿切线向 JD_2量 x_h得 HY 点对应的垂足位置,在该垂足位置用十字方向架定出垂线方向并沿垂线方向量 y_h即得 HY 点;⑤由 HZ 沿切线向 JD_2量 x_h得 YH 点对应的垂足位置,在该垂足位置用十字方向架定出垂线方向,并沿垂线方向量 y_h即得 YH 点。

2. 详细测设

1)计算各桩的测设数据 x、y

(1)$ZH\sim HY$ 段:以 ZH 为坐标原点,用下式计算:

$$x=l-\frac{l^5}{40R^2L_s^2},\quad y=\frac{l^3}{6RL_s}$$

式中，l=待测桩桩号-ZH 桩号，当 $l=L_s$ 时求得的坐标即为缓圆点坐标。

(2)HY～QZ 段：以 HY 为坐标原点，用下式计算：

$$x = R\sin\frac{l}{R}, \quad y = R(1-\cos\frac{l}{R})$$

式中，l=待测桩桩号－HY 桩号。

(3)HZ～YH 段：以 HZ 为坐标原点，用下式计算：

$$x = l - \frac{l^5}{40R^2L_s^2}, \quad y = \frac{l^3}{6RL_s}$$

式中，l=HZ 桩号－待测桩桩号。

(4)YH～QZ 段：以 HZ 为坐标原点，用下式计算：

$$x = R\sin\frac{l}{R} + q, \quad y = R(1-\cos\frac{l}{R}) + P$$

式中，l=YH 桩号－待测桩桩号＋$L_s/2$。

2)测设 ZH～HY 段

(1)如图 3-11 所示，自 ZH 点沿切线向 JD_2 量 P_1、P_2……的坐标 x_1、x_2……得垂足 N_1、N_2……并用测钎标记。

(2)依次在 N_1、N_2……用十字方向架定出垂线方向，分别沿各垂线方向量坐标 y_1、y_2……即得 P_1、P_2……桩位，钉木桩或用测钎标记。

3)测设 HY～QZ 段

(1)如图 3-12 所示，自 ZH 点沿切线向 JD_2 量 T_d，该点与 HY 点的连线即为 HY 点的切线方向。

(2)自 HY 点沿 HY 点的切线方向量 P_1、P_2……的坐标 x_1、x_2……得垂足 N_1、N_2……并用测钎标记。

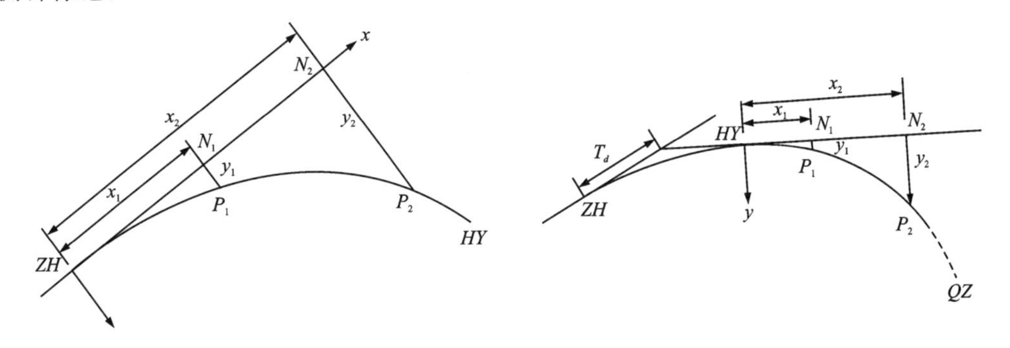

图 3-11　切线支距法 1　　　　图 3-12　切线支距法 2

(3)依次在 N_1、N_2……用十字方向架定出垂线方向，分别沿各垂线方向量坐标 y_1、y_2……即得 P_1、P_2……桩位，钉木桩或用测钎标记。

4)测设 HZ～YH 段

(1)如图 3-13 所示，自 HZ 点沿切线向 JD_2 量 P_1、P_2……的坐标 x_1、x_2……得垂足 N_1、N_2……并用测钎标记。

(2)依次在 N_1、N_2……用十字方向架定出垂线方向,分别沿各垂线方向量坐标 y_1、y_2……即得 P_1、P_2……桩位,钉木桩或用测钎标记。

5)测设 $YH \sim QZ$ 段

(1)自 HZ 点沿切线向 JD_2 量 P_n、P_{n+1}……的坐标 x_n、x_{n+1}……得垂足 N_n、N_{n+1}……,并用测钎标记。

(2)依次在 N_n、N_{n+1}……用十字方向架定出垂线方向,分别沿各垂线方向量坐标 y_n、y_{n+1}……即得 P_n、P_{n+1}……桩位,钉木桩或用测钎标记。

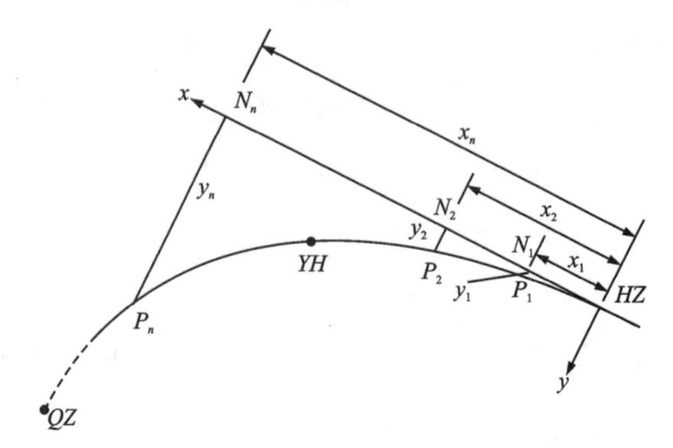

图 3-13　切线支距法 3

3. 校核

目测所测平曲线是否顺适,并丈量相邻桩间的弦长进行校核。

四、实例

已知:JD_2 的里程桩号为 $K0+986.38$m,转角 $\alpha_{右}=35°30'$,曲线半径 $R=100$m,缓和曲线长 $L_s=35$m(也可根据实习场地的具体情况改用其他数据)。要求桩距为 10 m,用切线支距法详细测设此曲线(将计算结果填入实习报告中)。

(1)计算曲线元素。

(2)计算曲线主点的里程桩号。

(3)计算各桩的测设数据 x、y,参见本次实习方法与步骤。

(4)按给定的转角标定路线导线。

①选定 JD_2、JD_3,在 JD_2 安置全站仪。

②盘左:以 JD_2—JD_3 为零方向,顺时针拨角 $\beta=180°-\alpha_{右}$,得 A_1 点(A_1 应接近 JD_1 的预定位置)。

③盘右:以 JD_2—JD_3 为零方向,顺时针拨角 $\beta=180°-\alpha_{右}$ 得 A_2 点(A_2 应接近 JD_1 的预定位置)。

④取 A_1、A_2 的中点为 JD_1。

⑤以 JD_2—JD_3 为零方向,顺时针拨角 $\beta/2=(180°-\alpha_{右})/2$,得分角线方向。

(5)测设曲线主点,参见本次实习方法与步骤。

(6)用切线支距法详细测设平曲线,参见本次实习方法与步骤。

(7)绘制测设草图。

五、注意事项

(1)计算测设数据时要细心。曲线元素经复核无误后才可计算主点桩号,主点桩号经复核无误后才可计算各桩的测设数据。各桩的测设数据经复核无误后才可进行测设。

(2)在计算各桩的测设数据 x、y 时,注意不要用错计算公式。

(3)曲线加桩的测设是在主点桩测设的基础上进行的,因此测设主点桩时要十分细心。

(4)在丈量切线长、外距、x、y 时,尺身要水平。

(5)当 y 值较大时,用十字方向架定垂线方向一定要细心,把垂线方向定准确,否则会产生较大的误差。

(6)平曲线的闭合差一般不得超过以下规定:

半径方向:±0.1m;

切线方向:$\pm\frac{L}{1000}$,L 为曲线长。

(7)当时间较紧时,应在实习前计算好测设曲线所需的数据,不能在实习中边算边测,以防时间不够或出错(如时间允许,也可不用实例,而在现场直接选定交点,测定转角后进行曲线测设)。

测设带有缓和曲线的圆曲线数据记录见表 3-8。

表 3-8　切线支距法测设带有缓和曲线的圆曲线数据记录表

日期:　　　　班级:　　　　组别:　　　　观测者:　　　　记录者:

交点号			交点桩号			
转角观测结果	度盘位置	目标	水平度盘读数/(° ′ ″)	半测回右角值/(° ′ ″)	右角/(° ′ ″)	转角/(° ′ ″)
	盘左	JD_3	338 36 15	85 02 10	85 02 19	94 57 41
		JD_1	63 38 25			
	盘右	JD_3	158 36 02	85 02 28		
		JD_1	243 38 30			
曲线元素	R(半径)=50m　Ls=35m　X_h=35m　Y_h=　m　β=° ′ ″ P=　m　q=　m　T_d=　m　C_h=　m　Δ_h=　m T_h=　m　L_h=　m　L=　m　E_h=　m　D_h=　m					
主点桩	ZH 桩号:JD_1+952.62m　HY 桩号:JD_1+987.62m QZ 桩号:JD_1+985.61m YH 桩号:JD_1+983.60m　HZ 桩号:JD_1+1 018.60m					

续表

交点号			交点桩号			
各中桩的测设数据	测段	桩号	曲线长/m	x/m	y/m	备注
	$ZH \sim HY$	962.62	10			
		972.62	10			
		982.62	10			
		987.62	5			
	$HZ \sim YH$					

计算：　　　　　　检核：

六、思考题

(1)切线支距法曲线测设所需数据有哪些？

(2)如何计算曲线主点的里程桩号？

(3)阐述切线支距法详细测设曲线的具体流程？

实验六　线状工程 GPS RTK 中线桩测设

一、目的和要求

(1)了解 GPS 技术在线状工程测量中的应用。

(2)熟悉 GPS RTK 接收机仪器部件及正确的数据连接方法。

(3)掌握 GPS RTK 在线状工程实际中的中线中桩放样方法。

二、仪器和工具

GPS 接收机主机 3 台(基准站接收机 1 台与流动站接收机 2 台)、GPS 手簿 3 个、钢尺 1 把、记录手簿、计算纸若干。

三、实验内容与步骤

道路中桩放样测量的基本作业方法如下(关于手簿项目设置、基准站设置、流动站设置以及坐标转换参数计算的详细设置可以参考“第一章数字地形测量课间实验”中“实验十 RTK 测量”,此处只文字说明基本流程)。

(1)手簿项目设置。

(2)基准站设置。

(3)移动台设置。

(4)转换参数求解。

(5)坐标放样。

①将设计的线状工程如铁路、公路的路线元素参数(包括起始点坐标、直线长度、缓和曲线要素、圆曲线半径、交点坐标、起始方位角等),输入到 GPS 手簿中,利用其中的路线计算程序计算路线中桩的设计坐标,并将各中桩设计坐标存放在待放样点库中。

②若设计单位已经提供了各中桩的设计坐标,可以由微机将路线中桩的设计坐标传输到流动站 GPS 手簿中,将各中桩设计坐标存放在待放样点库中。

③点击手簿主界面上的第五个方格“5. 测量”,进入后在左上方菜单下拉框下选择“点放样”,将对中杆立于一个已知点上,看 X、Y 坐标显示,检核一下与已知的坐标是否接近,若正确,就可以在地物点上进行测量。

④在流动站的测设操作下,只要输入要放样测设的点号,然后按“解算”键,显示屏可用时显示当前杆位于和到设计桩位的方向与距离,移动杆位,当屏幕显示杆位与设计点位重合时,在杆位处打桩写号即可。这样逐桩进行,可快速地在地面上测设中桩平面位置并获取高程。

⑤在每个桩位按控制器的“记录”键,将每个桩位高程记录于电子手薄的存储器中,实现无纸化记录。

⑥内业传输至计算机,利用路线 CAD 软件进行纵断面设计和绘图。利用 RTK 技术定位进行,中线测量的精度需满足《公路勘测规范》(JTG C10—2018)的桩位允许误差要求。

四、注意事项

1. 点校正问题

此步主要是为求三参数或七参数(WGS-84 到北京 54 或西安 80)用的,当测区面积超过 100km^{2}时,用三参数即可。若测区已有三参数或七参数时就不用校正了。如果没有,且为了所测点达到厘米级精度才需校正。校正时键入 4 个已知控制点(Trimble 建议)坐标,且 4 个控制点最好分布在测区周围,至少需要 3 个控制点(该控制点既有 WGS-84 坐标,又有当地格网坐标)。具体方法有以下两种。

(1)野外测量法。在"测量"菜单下,选"开始测量"回车,选"测量点"回车,测量并记录这些控制点的 WGS-84 坐标后,再输入该点的格网坐标,这种方法利用野外 RTK 求出校正点的 WGS-84 坐标,在 GPS 手簿中做点校正。

(2)室内直接法。如果在一个测区内,测绘单位有 WGS-84 坐标,或先做了静态测量,校正就可以在室内完成。在 GPS 手簿中选"点校正",分别输入网格点名称、坐标;输入 GPS 点名称(WGS-84)、坐标,利用至少 3 个控制点即可进行点校正坐标转换参数的求解。

2. 根据道路曲线要素计算放样点的坐标问题

利用路线计算程序计算得出路线中桩的设计坐标,然后将这些待放样的设计坐标输入到 GPS 接收机所配套的电子手簿中。实际现场放样时,可直接在现场输入放样点的坐标进行放样;也可将路线的放样元素输入 GPS 手簿中,放样时根据放样的里程进行坐标放样。

在 GPS 手簿中输入路线元素参数操作的方法如下:从主菜单中选"测量",从"选择测量形式"菜单中选"RTK",然后再选"放样"点、直线、曲线,选择曲线,接着输入曲线起始点坐标、直线长度、直线方位角、缓和曲线弧长及半径、圆曲线半径、起始方位角,此后需选择曲线的走向是左偏还是右偏等(特别要注意是左偏还是右偏,此步骤易错,导致计算的坐标出错,具体参考《Trimble 双频接收机培训教材》一书。

3. 已知点坐标导入 GPS 手簿的问题

很多情况下,甲方或施工单位或其他设计人员等会把待放样点的坐标提供给测量人员。在这种情况下,就会涉及坐标点位导入到 GPS 手簿的待放样点库中的问题。

(1)利用 Excel 软件编辑坐标点位,编辑格式按照 N、E、Z 进行,如图 3-14 所示。

	A	B	C	D
1	点名	N	E	Z
2	FYD1	2527001.000	510001.000	1901.000
3	FYD2	2527002.000	510002.000	1902.000
4	FYD3	2527003.000	510003.000	1903.000
5	FYD4	2527004.000	510004.000	1904.000
6	FYD5	2527005.000	510005.000	1905.000
7	FYD6	2527006.000	510006.000	1906.000
8	FYD7	2527007.000	510007.000	1907.000
9	FYD8	2527008.000	510008.000	1908.000
10	FYD9	2527009.000	510009.000	1909.000
11	FYD10	2527010.000	510010.000	1910.000
12	FYD11	2527011.000	510011.000	1911.000

图 3-14　在 Excel 中编辑待放样点的坐标

各列顺序必须依次是点名、N、E、Z，没有高程时，Z 不能空，填 0。

(2)另存为“放样点. csv”（逗号分隔符）放样点. csv，如图 3-15 所示。

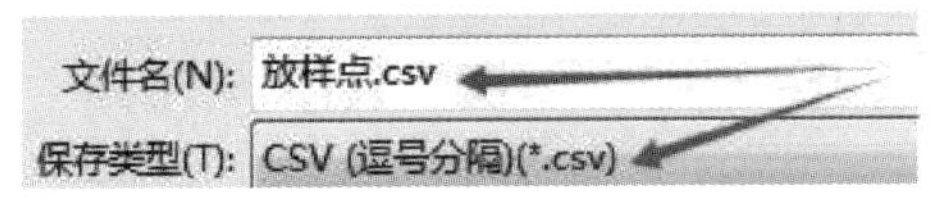

图 3-15　在 Excel 中另存为. csv 文件

(3)用 USB 线连接手簿。

(4)打开 USB 储存。

(5)把“放样点. csv”拷贝到手簿内存\ZHD\OUT 里，如图 3-16 所示。

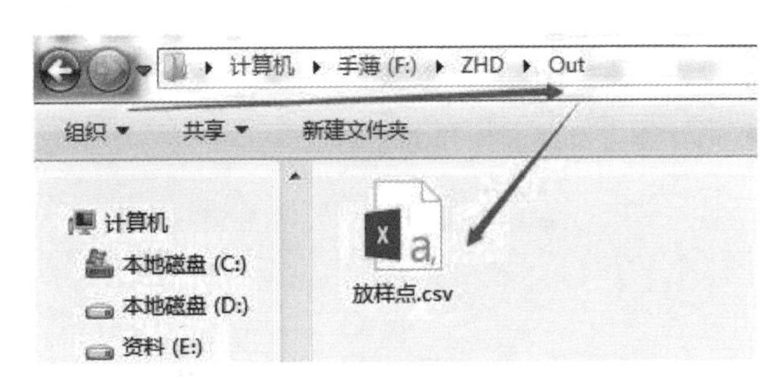

图 3-16　将“放样点. csv”文件拷贝到 GPS 手簿中

(6)关闭 USB 储存。

(7)进手簿软件把放样点导入当前项目里。

① 数据交换。打开中海达应用进入主页，然后点击“项目”按钮，接着点击“坐标数据”按钮，之后点击“数据交换”按钮，接下来将坐标数据导入即可，如图 3-17 所示。

②选择导入。选择文件“放样点. csv”，然后点击“确定”，会提示“定义格式设置”，如图 3-18所示。

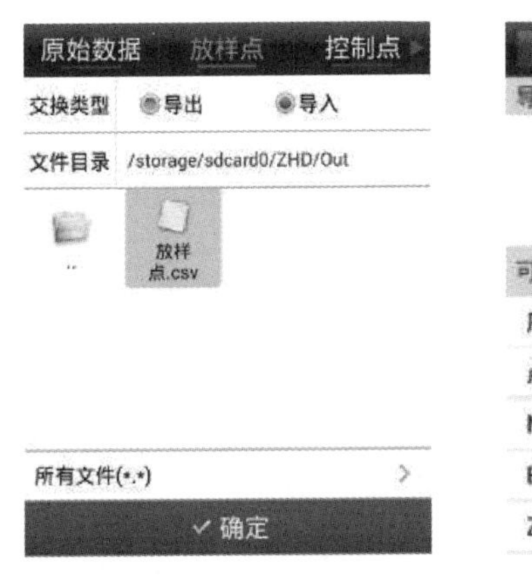

图 3-17　将“放样点. csv”导入 GPS 手簿中

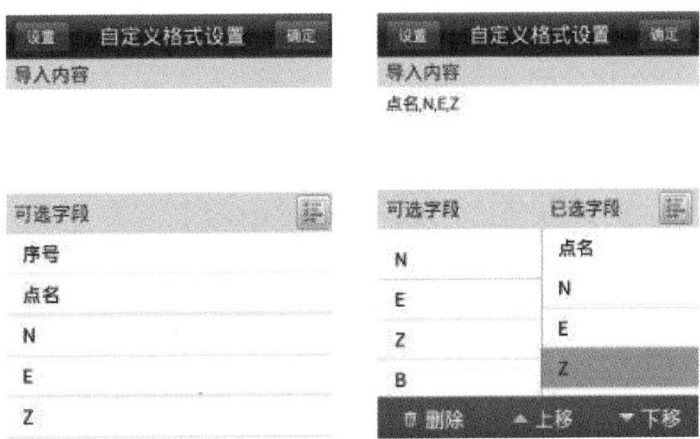

图 3-18　在“自定义格式设置”选择导入格式

此处很容易出错，自定义导入内容需要根据导入文件内容按顺序依次选择，错选漏选都导不进去。

(8)查看导入的待放样点数据，如图 3-19 所示。

①进“坐标数据”。

②查看放样点。

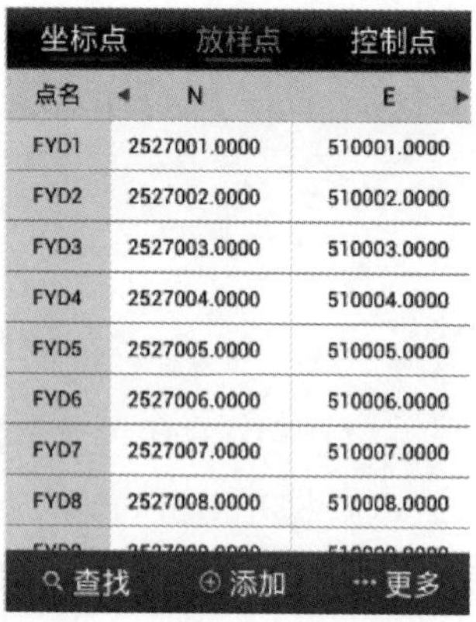

坐标点　放样点　控制点

点名	N	E
FYD1	2527001.0000	510001.0000
FYD2	2527002.0000	510002.0000
FYD3	2527003.0000	510003.0000
FYD4	2527004.0000	510004.0000
FYD5	2527005.0000	510005.0000
FYD6	2527006.0000	510006.0000
FYD7	2527007.0000	510007.0000
FYD8	2527008.0000	510008.0000

查找　添加　更多

图 3-19　查看导入的待放样点坐标

五、思考题

(1)什么叫线状工程？

(2)举例说明有哪些类型的线状工程？

(3)中线待放样点的坐标如何通过电脑导入到 GPS 手簿中？

(4)线状工程的曲线要素有哪些？

(5)在 GPS 手簿中如何输入道路的曲线要素？

实验七　线状工程横断面测量

一、目的和要求

(1)熟悉水准仪的使用。

(2)掌握线路横断面测量方法。

(3)掌握横断面图的绘制方法。

(4)要求每组完成约 100m 长的路线横断面测量任务。

二、仪器和工具

由仪器室借领:水准仪 1 台、水准尺 2 根、尺垫 2 个、50m 卷尺 1 把、花杆 2 根、方向架 1 个、铁锤 1 把、记录板 1 个、记录簿 1 份、木桩若干等。

自备:铅笔、计算器、直尺、格网绘图纸 1 张。

三、实验方法与步骤

1.准备工作

(1)指导教师现场讲解测量过程、方法及注意事项。

(2)在给定区域,选定一条约 100 m 长的路线,在两端点钉木桩。用皮尺量距,每 10 m 处钉一个中桩,并在坡度及方向变化处钉加桩,在木桩侧面标注桩号。起点桩桩号为 0+000。

2.横断面测量

首先,在里程桩上用方向架确定线路的垂直方向。然后,在中桩附近选一点架设水准仪,以中桩为后视点,在垂直中线的左、右两侧 20m 范围内坡度变化处立前视尺,如图 3-20 和图 3-21所示,读数、记录,中桩至左、右两侧各坡度变化点的距离用皮尺丈量,读至分米。最后将数据填入横断面测量记录表中,记录格式见表 3-9。

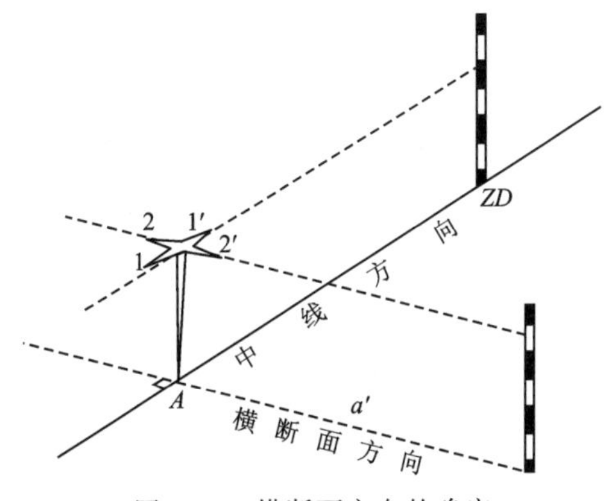

图 3-20　横断面方向的确定

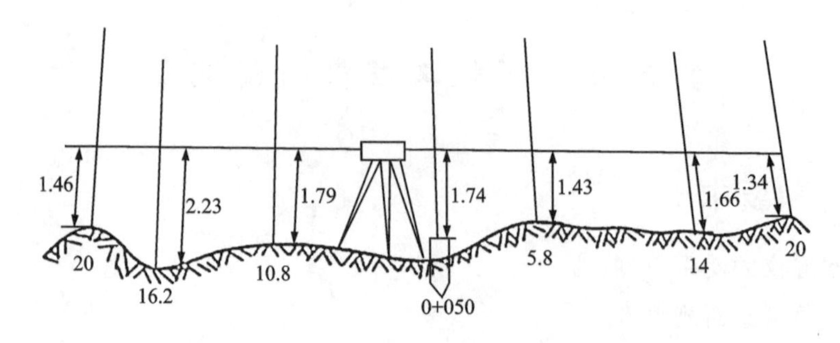

图 3-21 水准仪皮尺法横断面测量

表 3-9 线路中桩横断面水准测量及皮尺量距外业记录手簿

工程名称				施工单位		响水县水利建筑工程处		
测量范围		0+011～14+000		测量仪器		水准仪+皮尺		
基准点		NCS6		测量日期		2021 年 4 月 22 日		
测站	桩号	水准尺读数/m		高差/m		视线高程/m	高程/m	备注
		后视	前视	左	右			
2	0+050	1.74				86.96	85.22	
	左+10.8		1.79	−0.02			85.17	
	左+16.2		2.23	−0.49			84.73	
	左+20		1.46	0.28			85.50	
	右+5.8		1.43		0.31		85.53	
	右+14		1.66		0.08		85.30	
	右+20		1.34		0.50		85.62	

外业测量完成后，可在室内进行横断面图的绘制。绘图时一般先将中桩标在图中央，再分左、右侧按平距为横轴、高差为纵轴，展出各个变坡点。绘出的横断面图水平距离比例尺可取为 1∶100，高程比例尺可取为 1∶50。横断面图绘制在格网纸上。

四、注意事项

（1）横断面测量要注意前进的方向及前进方向的左右。

（2）因无检核条件，所以读数与计算时，要认真细致，互相核准，避免出错。

（3）横断面水准测量与横断面绘制，应按线路延伸方向划定左右方向，切勿弄错，横断面图绘制最好在现场绘制。

（4）横断面测量的方法很多，除了本次实习的水准仪法外，还可采用花杆皮尺法、全站仪法等。

（5）曲线的横断面方向为曲线的法线方向，或者说是中桩点切线的垂线方向。具体确定方法可参考教材。

五、思考题

(1)什么叫基平测量?

(2)什么叫中平测量?

(3)如何设置横断面图的横、纵坐标轴的比例尺?

(4)在中桩里程桩的测设过程中,如何在地面坡度变化处进行测设加桩?

(5)为何要进行线状工程的横断面测量?

实验八　一井定向

一、目的和要求

(1)了解矿井广场、井筒附近平面控制点布设,一井定向联系测量的原理、方法及步骤。

(2)掌握矿井一井联系测量的方法,完成一个定向的水平投点及连接测量。

(3)掌握一井定向的内业计算及精度评定方法。

二、实习的组织安排、实验地点、仪器和工具

(1)实习安排:本实习要充分发挥学生的主观能动性和积极性,发扬吃苦耐劳的精神,培养学生独立工作和处理实际问题的能力,全班通常以实习小组为单位进行实习。

(2)实验地点:校园内某楼梯间。

(3)仪器和工具:长钢丝 2 根(或长细绳 2 根)、全站仪 1 台、重锤 2 个、记录板 5 个、手电筒 2 个、钢尺 1 把、手摇绞车 2 个、拉力计 1 个、温度计 1 个、小垂球 3 个、记录手簿、计算纸若干。

三、实验内容与步骤

1. 投点

采用单重摆动投点法,投点设备均在实验前由教师组织安设,同学仅做了解和观察。

(1)用信号圈法或比距法检查钢丝是否自由悬挂。

(2)采用单标尺法进行摆动投点。

将一个具有毫米刻划的标尺放在钢丝之后,垂直于望远镜视线,然后在全站仪望远镜中观察钢丝摆动。当钢丝摆动到两端逆转点时,均以钢丝外缘在标尺上的位置读取读数,估读至 0.1mm。取其左、右两端读数平均值的中数作为垂球线在标尺上的稳定位置。

注意:在整个定向过程中,标尺和全站仪均不得移动位置。

2. 连接测量

采用连接三角形法,如图 3-22 所示。

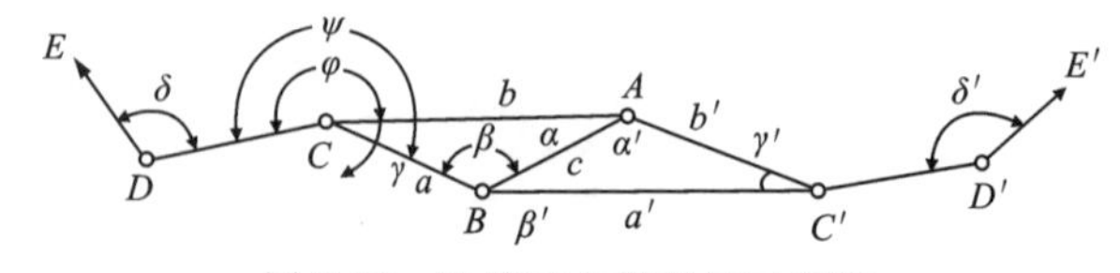

图 3-22　连接三角形测量示意图

(1)连接三角形法应满足的条件。

①C 点与 D 点及 C'点与 D'点要彼此通视,且 CD 与 $C'D'$的边长要大于 20m。

②三角形的锐角 γ 和 γ'要小于 2°。

③a/c 与 a'/c'的值要尽量小一些,一般应小于 1.5。

(2)连接三角形法的外业。

①测角:地面连接测量是在 C 点安置全站仪测量出 ψ、φ 和 γ 三个角度,并丈量 a、b、c 三条边的边长。同样,井下连接测量是在 C'点安置仪器测量出 ψ'、φ'和 γ'三个角度,并丈量 a'、b'、c'三条边的边长。

在连接点 C 测量 ψ、φ 和 γ 三个角度,应采用精度不低于 J_2 的全站仪进行观测。观测方法及限差要求见表 3-10。

表 3-10 连接三角形测量的观测方法及限差表

仪器级别	水平角观测方法	测回数	测角中误差	限差		
				半测回归零差	各测回互差	重新对中测回间互差
DJ_2	全圆方向观测法	3	2″	12″	12″	60″

②量边:应采用本组检定过的钢尺,加标准拉力测记温度,悬空丈量水平边长。在垂球线稳定的情况下,应用钢尺以不同起点丈量 6 次。取其平均值作为丈量结果,同一边长各次观测值互差不得大于 2mm。

在垂球摆动的情况下,应将钢尺沿所量三角形的各边方向固定,然后用摆动观测的方法(至少连续读取 6 个读数)确定钢丝在钢尺上的稳定位置,以求得边长。每边均须用上述方法丈量 2 次,两丈量互差不大于 3mm 时,取其平均值作为丈量结果。

四、数据处理

主要是在前面观测获取测量数据后,针对连接三角形进行解算。

(1)运用正弦定理,解算出 α、β、α'、β',公式如下:

$$\sin\alpha=\frac{a\sin\gamma}{c},\sin\beta=\frac{b\sin\gamma}{c},\sin\alpha'=\frac{a'\sin\gamma'}{c'},\sin\beta'=\frac{b'\sin\gamma'}{c'}$$

(2)检查测量和计算成果:①连接三角形的 3 个内角 α、β、γ 以及 α'、β'、γ'的和均应为 180°,若有少量残差可平均分配到 α、β 或 α'、β'上;②井上丈量所得的两钢丝间的距离 $C_{丈}$与按余弦定理计算出的距离 $C_{计}$相差不大于 2mm;井下丈量所得的两钢丝间的距离 $C'_{丈}$与计算出的距离 $C'_{计}$相差应不大于 4mm。若符合上述要求可在丈量的 a、b、c,以及 a'、b'、c'中加入改正数 V_a、V_b、V_c,以及 V'_a、V'_b、V'_c公式如下:

$$V_a=V_c=-\frac{C_{丈}-C_{计}}{3},V_b=\frac{C_{丈}-C_{计}}{3}$$

$$V'_a=V'_c=-\frac{C'_{丈}-C'_{计}}{3},V'_b=\frac{C'_{丈}-C'_{计}}{3}$$

(3)将井上、井下连接图形视为一条导线,如 $D—C—A—B—C'—D'$,按照导线的计算方法求出井下起始点 C'的坐标及井下起始边 $C'D'$的方位角。

五、思考题

(1)矿井一井定向联系测量的原理是什么?

(2)阐述矿井一井联系测量的方法。

(3)阐述一井定向的内业计算及精度评定方法。

第四章　GNSS定位课间实验

实验一　GNSS认识及使用

一、目的

(1)理解和消化“GNSS测量原理与应用”课程教学的内容,巩固所学的理论知识。

(2)熟悉、熟练掌握GNSS接收机的使用方法,培养学生的实际动手能力。

(3)培养和提高利用所学理论知识独立分析问题与解决实际问题的能力。

二、要求

(1)实习前,认真学习相关章节的内容。

(2)完成实习后,应掌握接收机各部件的名称、功能和作用。

(3)掌握接收机在测站上的设置方法。

三、仪器和工具

各小组配备GNSS接收机1台和其他配件(具体型号待定),主要包括接收机、脚架、基座、电池、钢卷尺和仪器箱等。

四、实验内容

(1)认识GNSS接收机的各个部件。

(2)学习GNSS接收机在测站的安置操作。

(3)熟悉GNSS接收机面板各个按键的功能和各个接口的作用。

(4)利用钢卷尺量取天线高。

(5)学习使用GNSS接收机手簿查看GNSS卫星的天空图、PDOP值以及测站经纬度。

五、实验方法与步骤

(1)安置仪器:①在测站安置脚架、天线基座并对中、整平;②在基座上安置GNSS天线,按要求安装电池,连接好接收机和手簿控制器。

(2)用钢卷尺测量天线高。

(3)开机,熟悉控制器主菜单。

(4)打开配置菜单,配置用户所要求的功能。

(5)数据记录装置的格式化。

(6)测量任务设置。

(7)测量任务运行。

六、注意事项

(1)实验前,应做好充分的准备。实验教师结合仪器进行接收机性能、状态和功能的讲授。

(2)使用仪器时,应按要求操作。

(3)安装(或更换)电池时,应注意电池的正负极性,不要将正、负极装反。

(4)架设仪器时,应扣紧接收机与基座的螺旋,以防接收机从脚架上脱落。

(5)操作过程中,注意观察面板各指示灯的情况。

七、思考题

(1)GNSS 接收机主要由哪些部分组成?

(2)GNSS 测量与传统光学测绘相比有何特点?

实验二 GNSS-RTK 测量

一、目的和要求

(1)熟悉 Trimble-RTK 测量系统的构成。

(2)熟悉 Trimble-RTK 接收机和手簿的一般操作。

(3)学会 Trimble-RTK 测量系统的连接与设置。

(4)学会 Trimble-RTK 测量系统的数据采集和点放样功能。

二、仪器和工具

每一小组 4～6 人,实习时每组领取 Trimble-RTK(含电池与脚架)、记录板 1 块,每组自备记录纸等。

三、实验步骤

1)设置基准站

(1)安置仪器:①在测站点安置脚架、基座,对中、整平;②在基座上安置接收机,按要求连接好接收机、电台、手簿和相应线缆。

(2)量取天线高。

(3)开机,打开手簿软件,设置参数,启动基准站测量。

2)设置移动站

3)已知点检查或联测

4)利用点校正模式求解坐标转换参数(如基准站架设在已知点上,则无此步骤)

5)数据采集

6)点放样

四、注意事项

(1)实习前须认真阅读实习指导书,明确本次实习的目的及要求。

(2)GNSS 接收机是贵重仪器,在使用过程中要十分细心,以防损坏。

(3)电池、电缆插头连接时要注意方向,对准插进,用力不能过猛,以免折断。

五、思考题

(1)RTK 测量与全站仪测量有何区别?

(2)RTK 测量时需要注意哪些问题?

(3)简述 RTK 系统的基本构成。

实验三　GNSS 野外静态数据采集

一、目的和要求

(1)掌握 GNSS 接收机野外静态数据采集的测量方法。

(2)理解 GNSS 控制网的同步环、异步环的构网思想。

二、组织安排

每班分 6 组,每组 4～6 人。

三、实验仪器设备

每班实验仪器:6 台套 Trimble R8 接收机。

每组实验仪器:Trimble R8 接收机 1 台、电池 2 块、基座 1 个、2m 钢卷尺 1 把、记录板及记录表格。

四、实验内容

在学校建好的 GNSS 实验场地内,每批 3 组学生按规定时间同步采集 1～2 个同步环数据。

五、实验步骤

(1)按实验要求,在 GNSS 观测墩上做好数据采集准备工作(安置 GNSS 接收机、量取天线高)。

(2)开机搜索天空 GNSS 卫星信号,直到 GNSS 接收机解算出测站坐标,PDOP 值小于 5。

(3)进行数据采集前的 GNSS 接收机参数设置(如:采样间隔 15s,高度截止角 15°,最小卫星数 5 颗),6 个小组的 GNSS 接收机参数设置要一致。

(4)数据采集条件满足后 6 个小组用手机微信群或 QQ 群约定同步采集起止时间,数据采集开始。

(5)做好观测期间的 GNSS 数据记录工作。

(6)采集时间到,数据采集工作结束,关机并再次量取天线高,迁站。

六、注意事项

(1)实习前须认真阅读实习指导书,明确本次实习的目的及要求。

(2)GNSS 接收机是贵重仪器,在使用过程中要十分细心,以防损坏。

(3)电池、电缆插头连接时要注意方向,对准插进,用力不能过猛,以免折断。

七、上交记录资料

GNSS 数据采集记录表。

八、思考题

(1)简述 GNSS 静态数据采集一个测站上的工作内容。

(2)GNSS 控制测量一般需要提前设置好哪些参数?

(3)GNSS 控制测量与传统全站仪控制测量有何区别?

实验四　GNSS基线解算及网平差

一、目的和要求

(1)掌握GNSS基线解算方法与技巧。

(2)领会GNSS网平差概念,掌握GNSS网平差方法。

二、实验仪器设备

每人一台已经安装好TTC 2.73软件且联接局域网的台式机,以便从机房下载GNSS数据。

三、组织安排

每班集中在机房进行数据下载和GNSS数据处理,每个学生一台联网的计算机。

四、实验学时

4机时。

五、实验内容

(1)建立坐标系统,导入GNSS数据。

(2)GNSS基线解算。

(3)GNSS无约束平差。

(4)GNSS约束平差。

(5)导出处理结果。

六、实验方法与步骤

1.建立坐标系统

(1)单击Trimble Office/实用程序/Coordinate System Manager,如图4-1所示。

图4-1　Timble Office坐标系统管理器的开启

进入坐标系统管理器,用来定义当地坐标系统。

(2)在坐标系统管理器的“椭球”选项下,鼠标右键在空白处单击,选择“添加新椭球”:输入相应的椭球参数,只需长半轴和扁率即可,点击“确定”,如图 4-2 所示。

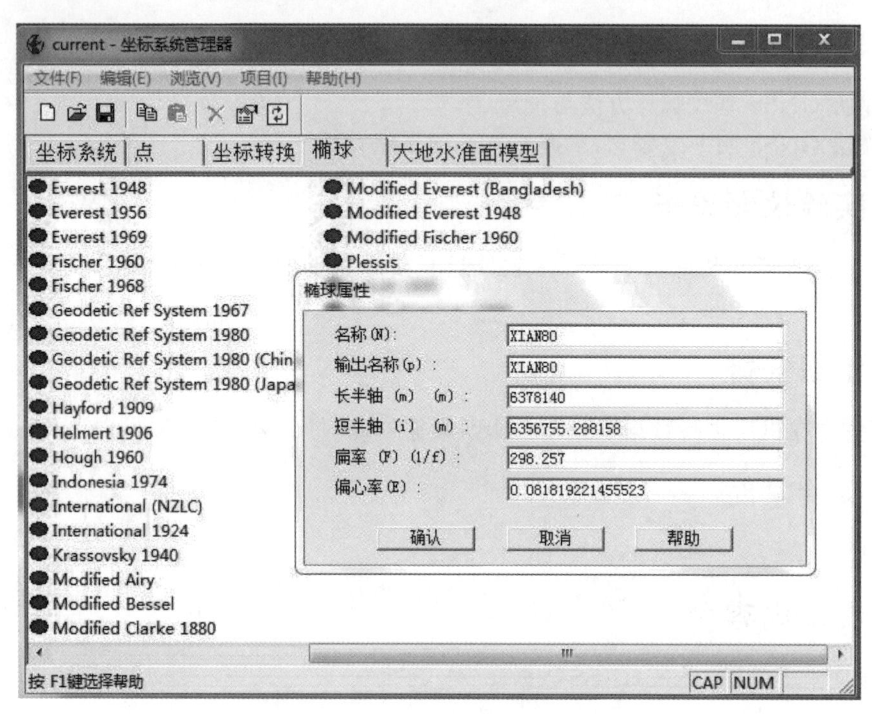

图 4-2 坐标系统管理器设置椭球属性

(3)选择坐标转换,在空白处鼠标右键单击,选择“添加新的基准转换参数/Molodensky”,如图 4-3 所示。

图 4-3 设置基准转换参数

会出现以下界面,输入如图 4-4 所示的基准转换属性。

基准转换属性

Molodensky

名称(N): xian80

输出名称(p): xian80

椭球(E): xian80

参数

到 WGS-84 (T)　从 WGS-84 (F)

X 轴平移量 (m): 0

Y 轴平移量 (m): 0

Z 轴平移量 (m): 0

确定　取消　应用(A)　帮助

图 4-4　基准转换属性对话框

(4)选择坐标系统,在空白处鼠标右键单击,选择“增加新的坐标系统组”,如图 4-5 所示。

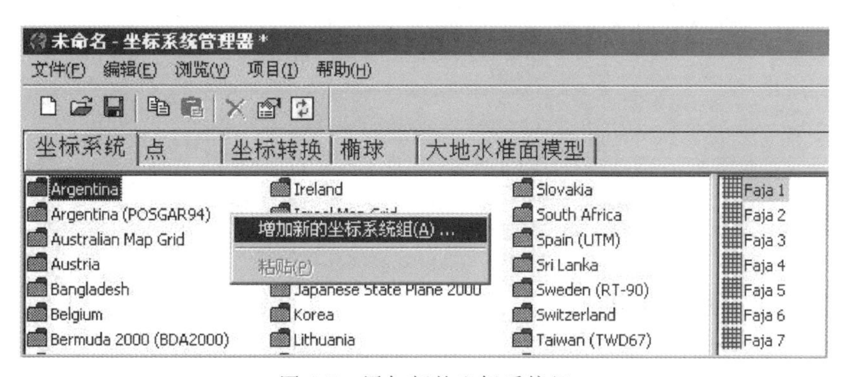

图 4-5　添加新的坐标系统组

会出现以下界面,输入如图 4-6 所示的坐标系统组参数。

坐标系统组参数

名称(a): xian80

输出名称(p): xian80

确认　取消　帮助

图 4-6　坐标系统组参数设定

(5)然后在坐标系统中会出现 xian80,选择“添加新的坐标系统/横轴墨卡托投影”,如图 4-7所示。

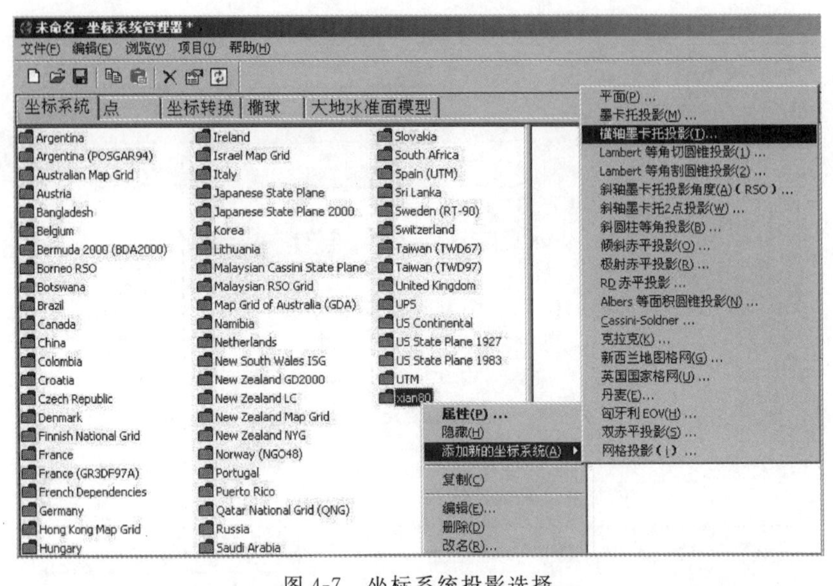

图 4-7 坐标系统投影选择

会出现以下界面，输入如图 4-8 所示的投影带参数。

投影带参数

名称 (a)：	xian80
输出名称 (p)：	xian80
基准名称 (D)：	xian80
基准方法 (m)：	Molodensky

图 4-8 选择投影带参数

下一步，如图 4-9 所示，选择水准面模型。

下一步设置中心纬度、中心经度和加常数等参数，如图 4-10 所示（中心经度为本地区中央子午线经度）。

单击“完成”，然后注意保存退出。

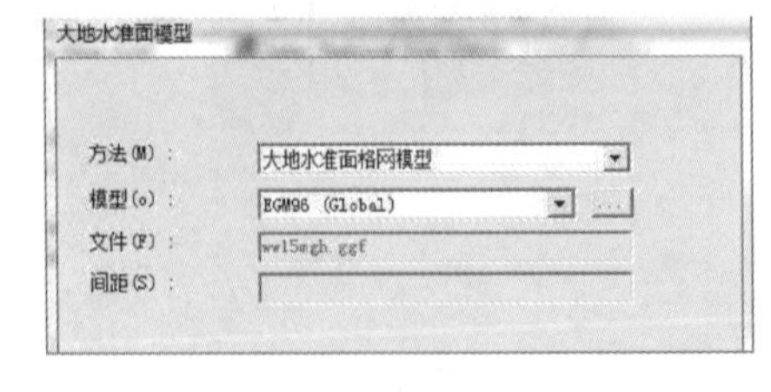

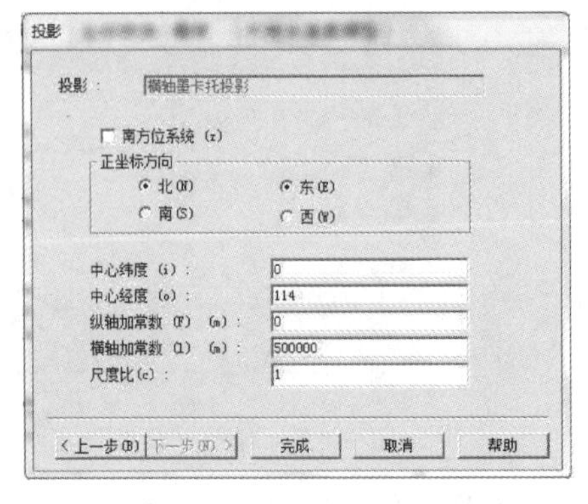

图 4-9 大地水准面模型

图 4-10 投影参数设定

2. TTC 静态解算操作流程

1)新建项目

点击“Trimble Total Control”运行软件，点击工具栏中的 “文件→新建”或者直接点击左侧项目栏中的“新项目”，在弹出的“新项目”对话框中选择默认值并点击“确定”完成新项目的创建，如图 4-11 所示。

图 4-11　创建新项目

2)导入数据如图 4-12 所示。

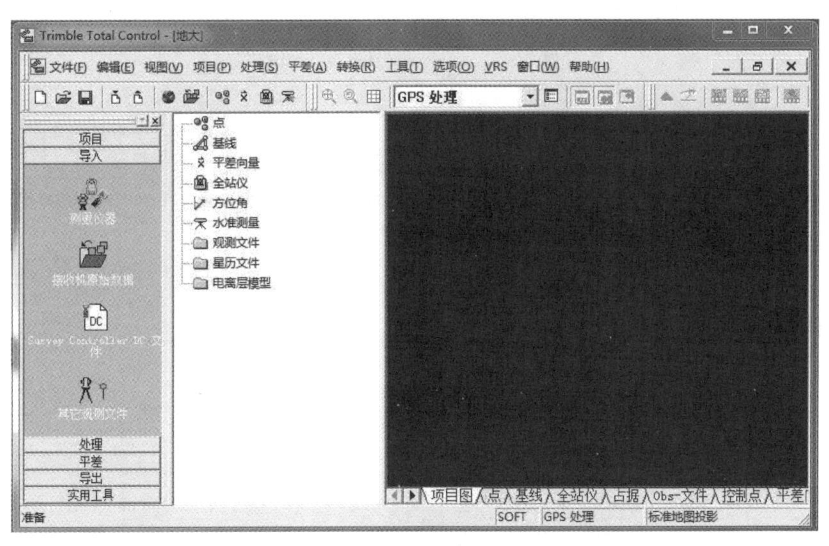

图 4-12　数据导入

从仪器直接导入数据，如图 4-13 所示，选择“设备”，选中相应仪器。

单击图标，可以添加新的设备。选择好通信端口，软件将自动连接接收机或设备，选择需要的数据，传输数据。数据将自动存储在该项目文件夹下。

如果数据存在硬盘上，则只需选择“接收机原始数据”，并在弹出的对话框中点击“选择全部”将目标文件“添加到项目”，如图 4-14 所示。

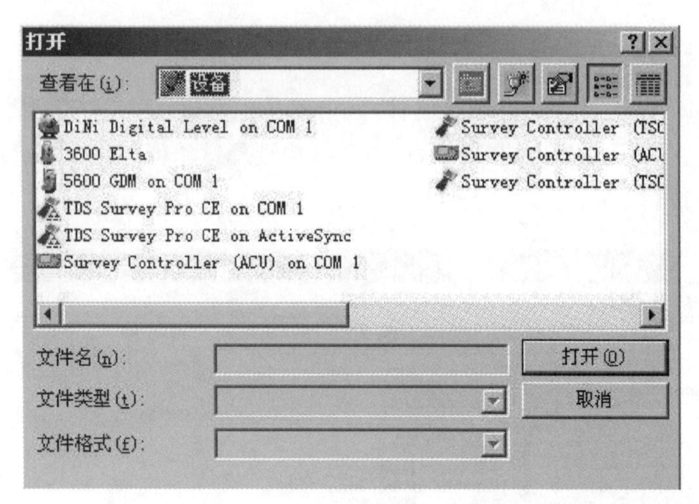

图 4-13　从仪器直接导入数据

图 4-14　dat 文件导入

随后软件将会自行解码完成数据的添加，如图 4-15 所示。

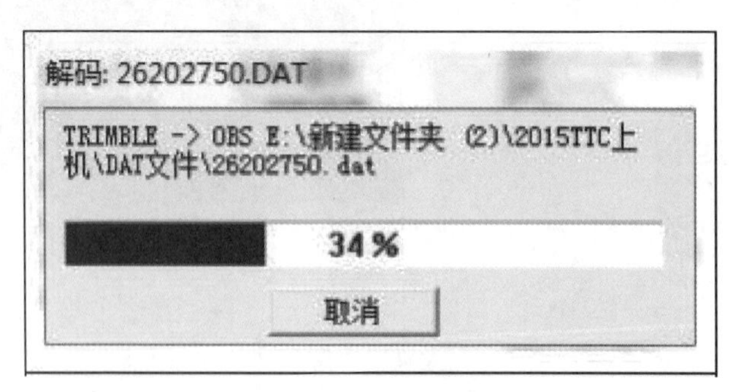

图 4-15　数据解码

解码完成后自动弹出“接收机原始数据输入”对话框，并根据观测记录文档将点名、类型、天线高→量测位置以及天线高(H)等相关信息补充完整，单击“确定”，如图 4-16 所示。

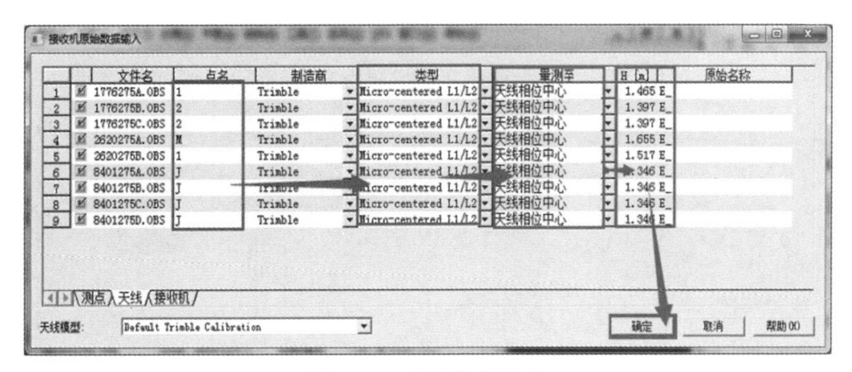

图 4-16　原始数据输入

然后出现布网的图形,如图 4-17 所示。

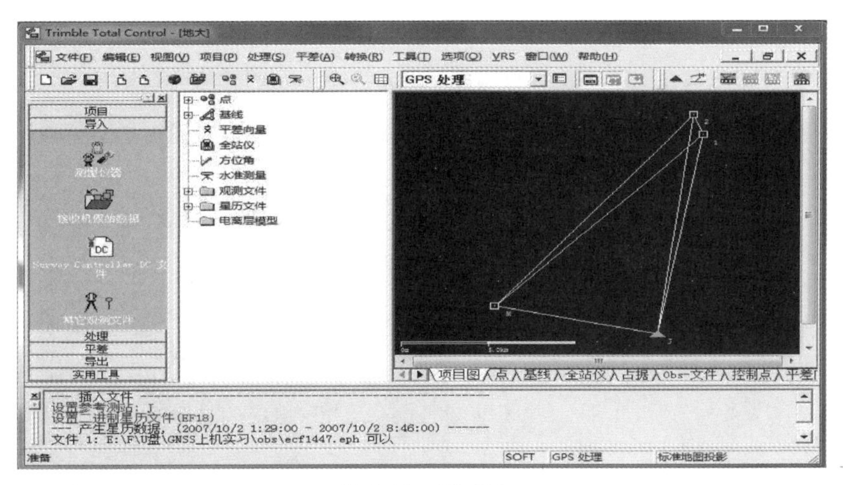

图 4-17　网型图

3)基线解算

首先在“处理”菜单中选择“处理选项”进行参数设置,如图 4-18 所示。

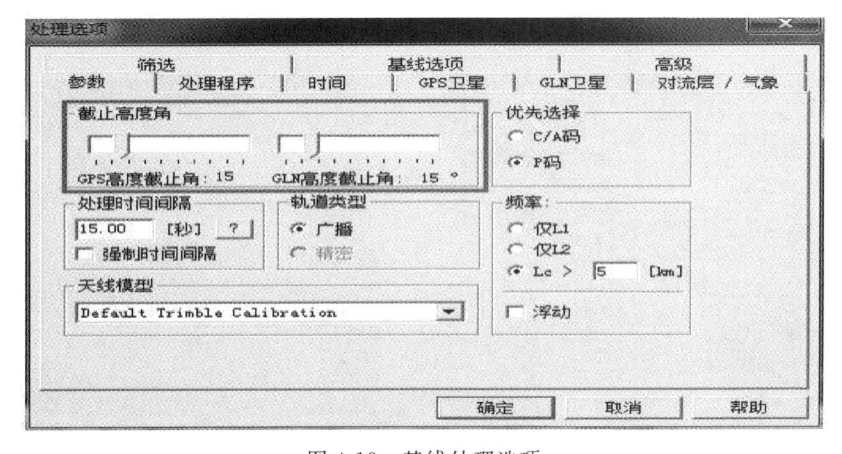

图 4-18　基线处理选项

可以修改基线处理选项：如改变卫星高度截止角、电离层模型改正方式、对流层天顶延迟等。设置完成后，选择“处理”中的“处理基线”进行处理，此处选择的全部基线，如图 4-19 所示。

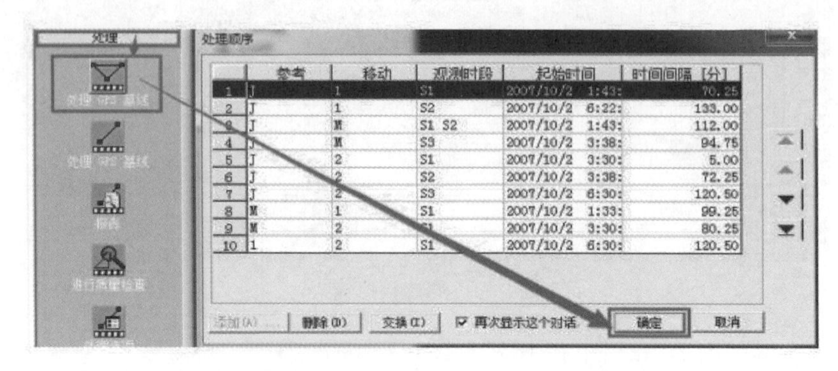

图 4-19　处理基线

处理完成后，基线全部变为绿色，表示基线处理合格，如图 4-20 所示。

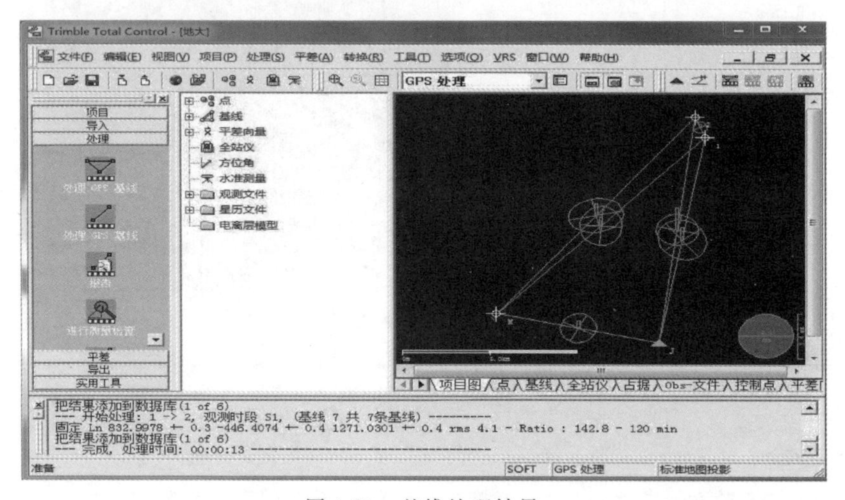

图 4-20　基线处理结果

选择某条基线，然后点击“处理”中的报告，可以查看基线处理结果，如图 4-21 所示。

图 4-21　基线处理报告

卫星基本状态信息的查看：在任一条基线上点击鼠标右键选择“编辑数据”中的“GPS 编辑(图形)”；还可以在任一条基线上点击鼠标右键选择“扫描”查看扫描卫星数据来修正不合格基线。

查看卫星可见性，如图 4-22 所示。

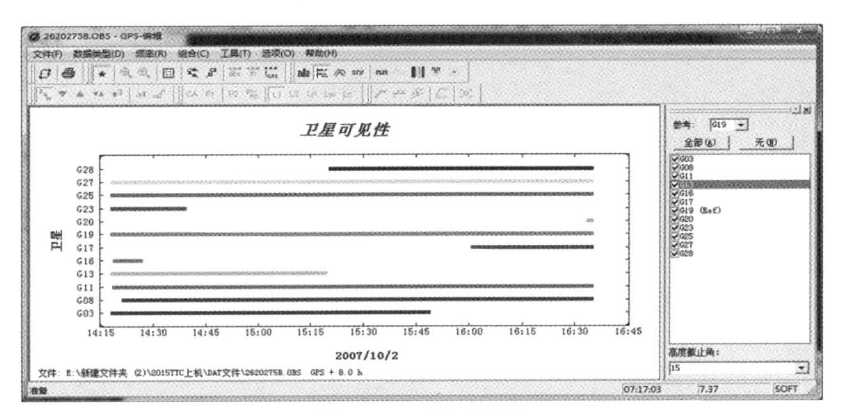

图 4-22　卫星可见性

原始数据的电离层残差：可以看到 17 号卫星(G17)的电离层残差很明显，如图 4-23 所示。

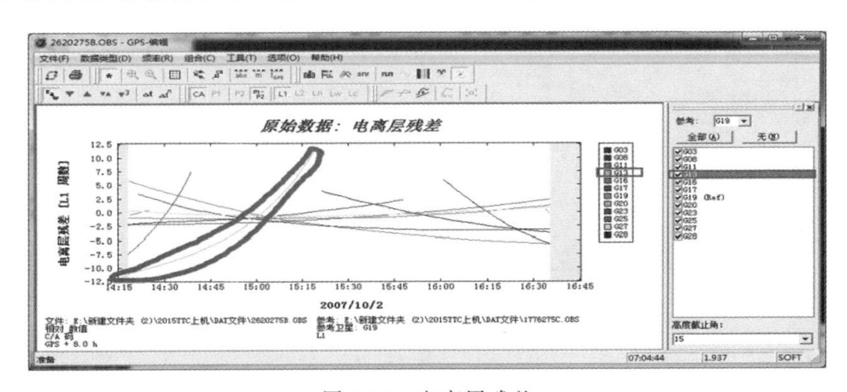

图 4-23　电离层残差

卫星扫描：比如 17 号卫星(G17)和 23 号卫星(G23)数据观测时间较短，可以选择不参与处理，如图 4-24 所示。

图 4-24　卫星数据扫描

4)质量检查(环闭合差检查)

在“处理”菜单中选择“进行质量检查”,弹出“质量控制”对话框,选择“执行检验”,如图 4-25 所示。

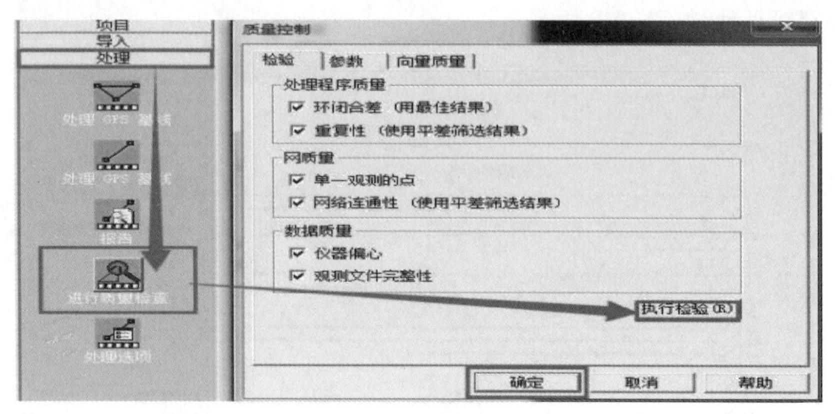

图 4-25 质量检查

执行完成后生成的报告显示闭合环质量情况如图 4-26 所示,要求环闭合差全部通过。

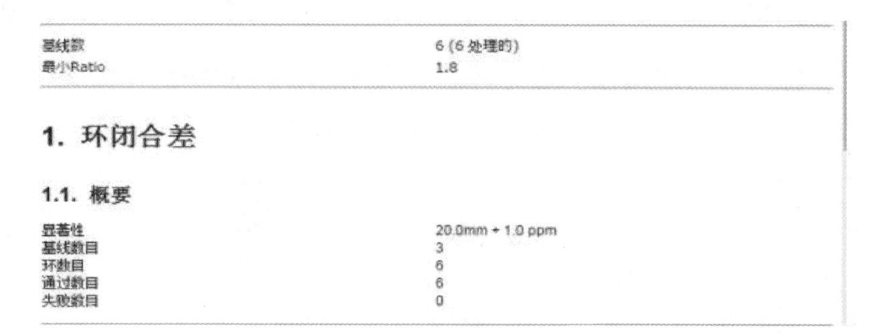

基线数 6 (6 处理的)
最小Ratio 1.8

1. 环闭合差

1.1. 概要

显著性	20.0mm + 1.0 ppm
基线数目	3
环数目	6
通过数目	6
失败数目	0

图 4-26 环闭合差检验报告

5)设置坐标系

点击“项目”中的“系统”,选择坐标系统和投影带,如图 4-27 所示。

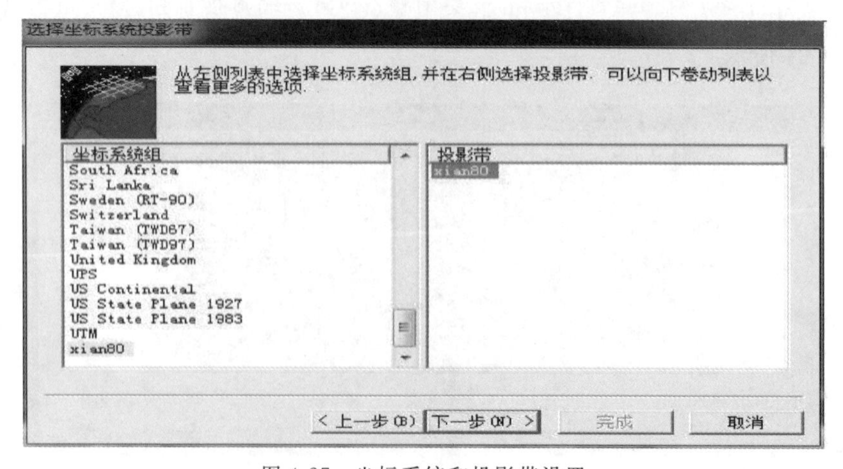

图 4-27 坐标系统和投影带设置

选择开始建立的“XIAN80”坐标系统，弹出“系统改变”对话框，选择“保持 WGS-84 坐标并重新计算国家坐标”，单击“确定”，如图 4-28 所示。

6）自由网平差（无约束平差）

点击“平差”选择 “三维平差”中的“自由平差”，如图 4-29 所示。

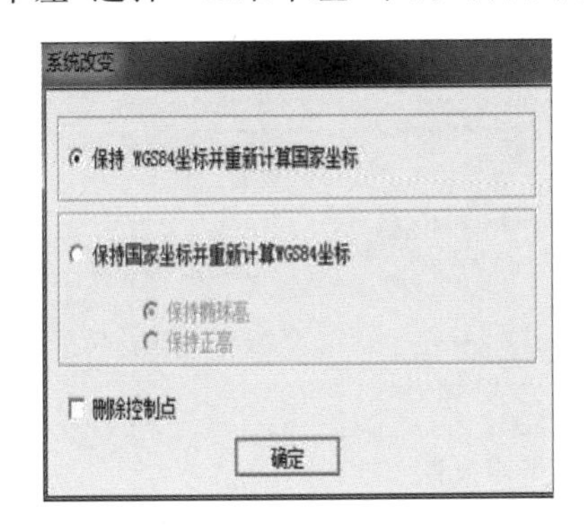

图 4-28　系统改变设置

图 4-29　自由网平差

打开网平差报告，可以查看 WGS-84 坐标系统下的基线向量、基线残差、平面坐标和平差点误差椭圆等内容，如图 4-30 所示。

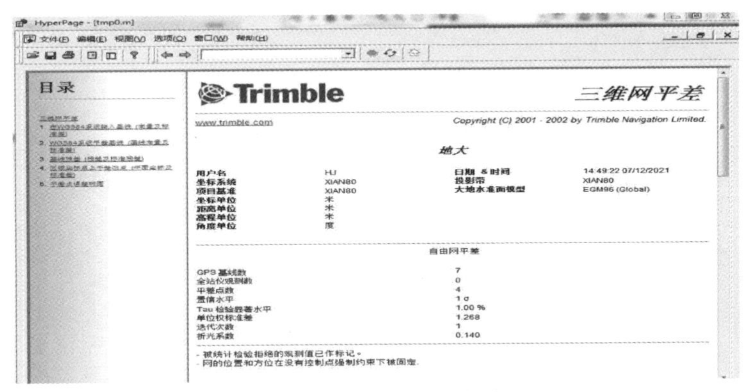

图 4-30　三维网平差报告

7）约束平差

将已知控制点作为固定点，点击“平差”选择 “三维平差”中的“约束平差”，如图 4-31 所示。

图 4-31　约束平差

约束平差的平差报告如图 4-32 所示。

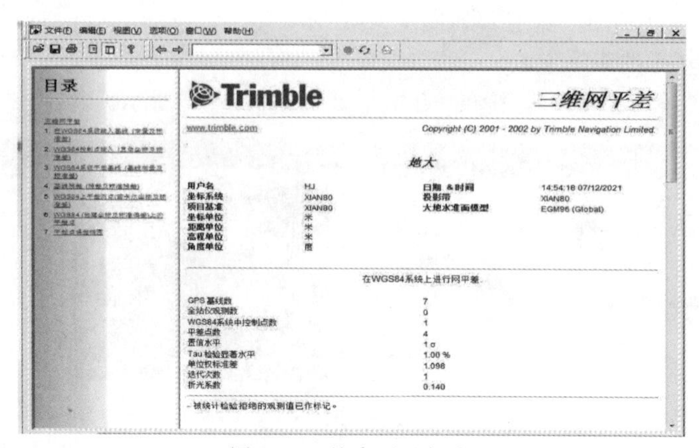

图 4-32　约束平差报告

8)国家约束平差

在点列表中,找到对应已知点,单击鼠标右键,先选择“固定”,然后选择“属性”,在测点属性菜单中的“国家”选项卡中输入已知点的坐标,并进行“赋值”和 “转变为控制”操作,如图 4-33所示。

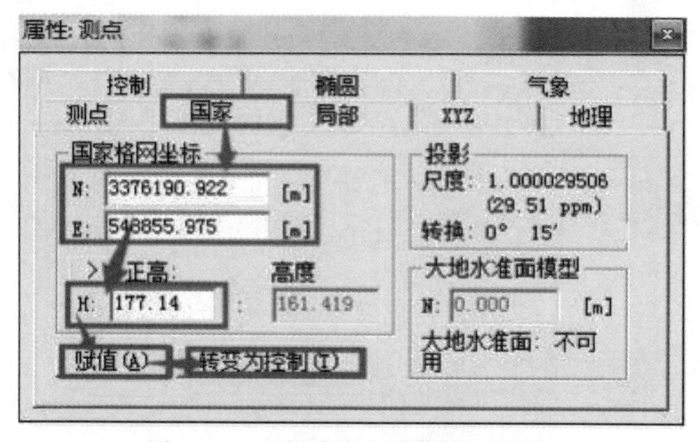

图 4-33　已知点属性数据输入设置

进行国家约束平差,如图 4-34 所示。

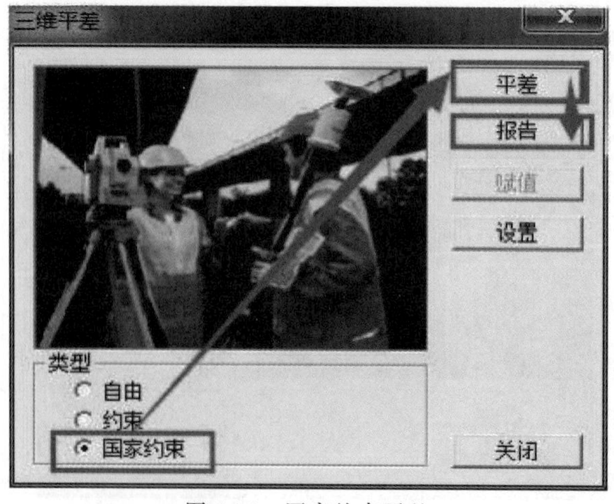

图 4-34　国家约束平差

国家约束平差报告：可以查看国家坐标系下的平面坐标及点位误差，如图 4-35 所示。

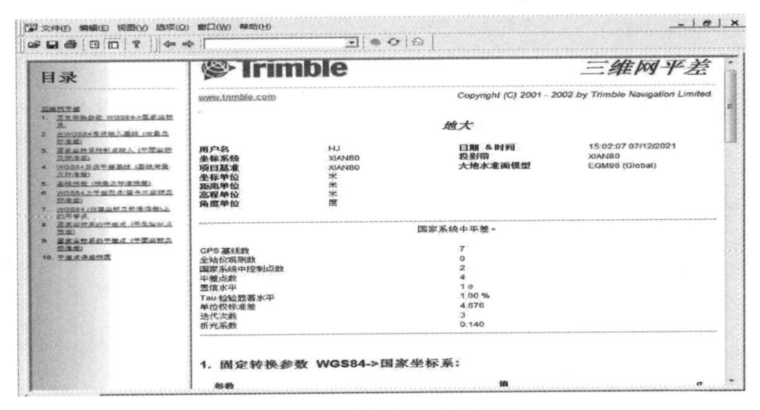

图 4-35　国家约束平差报告

9）导出数据并保存

点击“文件”导出，并选择需要导出的数据格式及路径，如图 4-36 所示。

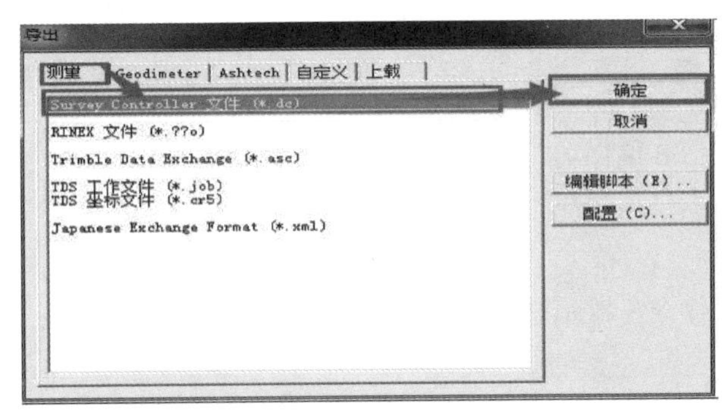

图 4-36　导出结果

由于 TTC 软件不能实时保存项目，注意需手动保存数据，防止因意外导致数据丢失。

七、注意事项

注意机房上机秩序。

八、上交实验报告

提交 GNSS 网平差结果以及上机报告。

九、思考题

（1）简述基线解算的基本过程。

（2）基线解算需要注意哪些问题？

（3）引起基线处理结果不合格的原因有哪些？

（4）如何对困难基线进行人工干预？

第五章　测绘程序设计课间实验

实验一　文件及图形程序设计

一、目的和要求

(1)了解 C++文件操作方法。

(2)了解 MFC 图像开发框架。

(3)了解 GDI 绘图方法。

二、仪器和工具

Windows 计算机、VS 编译器。

三、实验内容

(1)利用 C++I/O 文件流编写控制台文件读写程序。实现对 txt 文本文件的按行读取并解译文本内容。

(2)使用 MFC 与 GDI 编写窗口程序,绘制误差椭圆。实现误差椭圆的显示与放缩。

四、注意事项

(1)在每次打开文件后,都要判断打开是否成功。操作完成后需要关闭文件。

(2)进入 MFC 后选择创建单文档结构项目,使用 GDI 绘图。

(3)绘制过程需在 OnDraw 函数内调用。OnDraw 函数在项目的“view”文件中。

五、实习报告

______年______月______日　　班号____________姓名____________

六、思考题

(1)简述 C++文件操作的几种方法。

(2)简述 GDI 绘图步骤。

实验二　平差基本数据结构程序设计

一、目的和要求

(1)熟悉平差程序所需基本组成类:角度类、矩阵类、控制点类、观测值类。

(2)熟悉平差程序接口类:控制网类、平差类。

二、仪器和工具

Windows 计算机、VS 编译器。

三、实验内容

(1)编写角度类。实现弧度与度分秒两种角度值的转换。

(2)编写矩阵类。实现矩阵创建、相乘、转置、求逆等运算。

(3)编写控制点类。存放点的属性,如点名,高程值,平面 X、Y 坐标及点当前的类型。点当前的类型包括已知、未知、已计算 3 种类型。

(4)编写观测值类。存放某段观测值的起点、终点即两点间测出的数据。

(5)编写控制网接口类。声明了控制网中的共同属性和特征,由此派生出不同的控制网,如水准网、平面网等。

(6)编写平差接口类。

四、注意事项

(1)角度的度分秒表示法解释如下:度为整数部分,小数点后两位为分,小数点后从第三位开始为秒,例如:356.093 67 表示 356°09′36.7″。

(2)由于平差法方程系数矩阵一般为对称正定矩阵,所以矩阵求逆可以采用 Cholesky 矩阵分解方法降低代码的复杂度。计算公式如下:

$$A_{n\times n}=L_{n\times n}L_{n\times n}^{\mathrm{T}} \tag{5-1}$$

$$L_{(j,j)}=\sqrt{A_{(j,j)}-\sum_{k=0}^{j-1}L_{(j,k)}^{2}}\quad(j=1,2,\cdots,n) \tag{5-2}$$

$$L_{(i,j)}=\frac{1}{L_{(j,j)}}(A_{(j,j)}-\sum_{k=0}^{j-1}L_{(i,k)}L_{(j,k)}\quad(1\leqslant i,j\leqslant n) \tag{5-3}$$

其中,L 是下三角矩阵;L^{T} 是上三角矩阵。

N 阶上三角矩阵 U 的逆矩阵 V 的计算公式如下:

$$V_{(i,i)}=\frac{1}{U_{(i,i)}}\quad(i=1,2,\cdots,n) \tag{5-4}$$

$$V_{(i,j)}=-\frac{\sum_{k=i+1}^{j}V_{(k,j)}U_{(i,k)}}{U_{(i,i)}}\quad(i=n-1,n-2,\cdots,1;j=i+1,\cdots,n) \tag{5-5}$$

(3)平差基类的属性成员包括误差方程个数、未知点个数、误差方程系数阵、权阵、误差方程常数项及验前中误差。

五、实习报告

______年______月______日　　　班号______________姓名______________

六、思考题

(1)请简述控制点类的成员。

(2)请简述控制网类的成员。

实验三　水准网平差程序设计

一、目的和要求

(1)掌握水准网平差方程列立与求解。
(2)掌握闭合差计算方法。

二、仪器和工具

Windows 计算机、VS 编译器。

三、实验内容

(1)完成水准网平差程序。
(2)完成闭合差检验程序。

四、数学模型

1. 误差方程式

设水准网的总点数为 m,各点高程的平差值以 x_o , x_1 ,…, x_{m-1} 表示,网中共有 n 段观测高差 h_0 , h_1 ,…, h_{n-1} ,以高程平差值为未知数,高差误差方程的一般形式为:

$$v_k = x_i - x_j - h_k (k = 0,1,2,\cdots,n-1) \tag{5-6}$$

式中,k 为观测值编号;h_k 为观测高差;v_k 为观测值的平差改正数,也叫残差;i、j 分别表示高差两端点的编号(即点号);x_i 、x_j 分别表示观测高差起点和终点的高差平差值,即平差中的未知数。实际平差时还要引入参数近似值,设 x_i^0 、x_j^0 为 x_i 、x_j 的近似值,δ_{xi} 、δ_{xj} 为平差值与近似值的差,也叫改正数,即 $x_i = x_i^0 + \delta_{xi}$,将 $x_j = x_j^0 + \delta_{xj}$ 带入误差方程,得:

$$v_k = \delta_{xi} - \delta_{xj} + l_k \tag{5-7}$$

$$l_k = x_i^0 - x_j^0 - h_k \tag{5-8}$$

设 $X = [x_0\ x_1 \cdots x_{m-1}]^{\mathrm{T}}$ 为高程平差值向量,将式(5-6)写成矩阵形式为:

$$v_k = [0,\cdots,0,-1,0,\cdots,0,1,0,\cdots,0]\begin{vmatrix} x_0 \\ x_1 \\ \vdots \\ x_{m-1} \end{vmatrix} - h_k \tag{5-9}$$

式中,系数向量各元素除了第一个元素为−1,第 j 个元素为 1 外,其余的值均为 0。令:

$$A_k = [0,\cdots,0,-1,0,\cdots,0,1,0,\cdots,0] \tag{5-10}$$

式(5-7)又可表示为:

$$v_k = A_k X - h_k \tag{5-11}$$

于是,全网的误差方程为:

$$V = AX - h \tag{5-12}$$

其中：

$$V = \begin{bmatrix} v_0 \\ v_1 \\ \vdots \\ v_{n-1} \end{bmatrix} \quad A = \begin{bmatrix} A_0 \\ A_1 \\ \vdots \\ A_{n-1} \end{bmatrix} \quad h = \begin{bmatrix} h_0 \\ h_1 \\ \vdots \\ h_{n-1} \end{bmatrix} \tag{5-13}$$

设高程平差值 X 的近似值向量为 $X^0 = [x_0^0\ x_1^0 \cdots x_{m-1}^0]^{\mathrm{T}}$，改正数向量为 $\delta X = [\delta_{x_0}\ \delta_{x_1} \cdots \delta_{x_{m-1}}]^{\mathrm{T}}$，$X = X^0 + \delta X$，代入式(5-12)，得：

$$\begin{cases} V = A\delta X + l \\ l = A X^0 - h \end{cases} \tag{5-14}$$

式中，l 称为误差方程自由项向量。平差过程中，l 是已知向量，δX 和 V 是平差的待求量。引入参数近似值之后，平差的未知数由高程转化为高程的改正数。

2. 观测权

水准观测高差的精度与观测等级和高差的路线长度有关。假设网中有 r 个观测等级，K_1，K_2，…，K_r 分别为各等级每千米观测高差的中误差，观测值 h_k 的中误差为：

$$m_{h_k} = K_j \cdot \sqrt{s_k} \tag{5-15}$$

式中，K_j 为 h_k 所属等级的每千米观测高差的中误差；s_k 为观测值 h_k 的路线长度，以 km 为单位。根据权的定义，设 μ 为单位权中误差，观测值的权为：

$$P_k = \frac{\mu^2}{K_j^2 s_k} \quad (k = 0,1,2,\cdots,n-1) \tag{5-16}$$

上式为水准网平差定权的一般公式。在通常进行的水准网平差中，大多仅有一种等级的观测值，即 $K_1 = K_2 = \cdots = K_r = K$，取 $s_0 = \frac{\mu^2}{s_k}$，则：

$$P_k = \frac{s_0}{s_k} \quad (k = 0,1,2,\cdots,n-1) \tag{5-17}$$

式中，s_k 为观测值 h_k 的路线长度，以 km 为单位；s_0 为选定的某一正数。

本章的平差程序假定全部观测值的等级相同，即按式(5-17)确定每个观测值的权。为了定权，除了要知道观测高差外，还要知道每段高差对应的路线长度。

设观测值之间独立，观测值(向量)的权矩阵为：

$$\boldsymbol{P} = \begin{bmatrix} \boldsymbol{P}_0 & & & \\ & \boldsymbol{P}_1 & & \\ & & \ddots & \\ & & & \boldsymbol{P}_{\mathrm{n}-1} \end{bmatrix} \tag{5-18}$$

为了节省存储量，程序中权数组只保存权矩阵 $\boldsymbol{P}$ 的对角线元素。

3. 法方程式

根据最小二乘原理，由误差方程组成法方程为：

$$A^{\mathrm{T}}\boldsymbol{P}A\delta X + A^{\mathrm{T}}\boldsymbol{P}l = 0 \tag{5-19}$$

考虑上式中 $\boldsymbol{P}$ 是对角阵，可知：

$$A^{\mathrm{T}}\boldsymbol{P}A = A_0^{\mathrm{T}}p_0A_0 + A_1^{\mathrm{T}}p_1A_1 + \cdots + A_{n-1}^{\mathrm{T}}p_{n-1}A_{n-1} \tag{5-20}$$

$$A^{\mathrm{T}}\boldsymbol{P}l = A_0^{\mathrm{T}}p_0l_0 + A_1^{\mathrm{T}}p_1l_1 + \cdots + A_{n-1}^{\mathrm{T}}p_{n-1}l_{n-1} \tag{5-21}$$

假如法方程系数矩阵可逆，可得：

$$\delta X = -(A^{\mathrm{T}}\boldsymbol{P}A)^{-1}A^{\mathrm{T}}\boldsymbol{P}l \tag{5-22}$$

$$X = X^0 + \delta X \tag{5-23}$$

4. 精度评定

单位权中误差为：

$$\mu = \pm\sqrt{\frac{[pvv]}{n-t}} \tag{5-24}$$

式中，n 为观测值总数；t 为未知点总数；p 为观测值的权；v 是残差。

高程平差值的权逆阵为：

$$Q_x = A^{\mathrm{T}}\boldsymbol{P}A^{-1} \tag{5-25}$$

第 k 号点高程平差值的中误差为：

$$m_{H_k} = \mu \times \sqrt{q_{kk}} \tag{5-26}$$

i 、j 两点间高差平差值的中误差为：

$$m_{h_{ij}} = \mu \times \sqrt{q_{ii} + q_{jj} - 2q_{ij}} \tag{5-27}$$

式(5-26)和式(5-27)中，q_{kk} 、q_{ii} 、q_{jj} 、q_{ij} 是式(5-25)中矩阵的 Q_x 元素。

五、实验步骤

(1)从文件读取已知高程和观测数据。

(2)未知点近似高程计算。

(3)组成法方程式。

(4)法方程系数阵求逆。

(5)高程平差值计算。

(6)残差 v 及单位权中误差计算。

(7)最后成果(高程平差值、高差平差值及它们的中误差)计算及输出。

六、注意事项

下面结合实例说明原始数据文件的具体格式。

图 5-1 所示为一水准网的略图。A、B 为已知点，$P1$、$P2$、$P3$ 为未知点，共有 7 段观测高差，每千米高差的中误差为±0.001m，数据见表 5-1 和表 5-2。

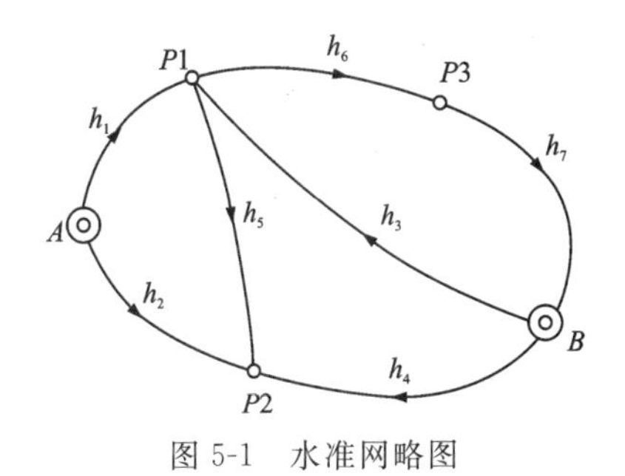

图 5-1　水准网略图

表 5-1　已知高程

点名	高程/m
A	5.160
B	6.016

表 5-2　观测高差

No.	起点	终点	*h*/m	*S*/km	No.	起点	终点	*h*/m	*S*/km
1	*A*	*P*1	1.359	1.1	5	*P*1	*P*2	0.657	2.4
2	*A*	*P*2	2.009	1.7	6	*P*1	*P*3	0.238	1.4
3	*B*	*P*1	0.363	2.3	7	*P*3	*B*	−0.595	2.6
4	*B*	*P*2	1.012	2.7					

以上述数据进行水准网平差，数据文件的内容见表 5-3。

表 5-3　数据文件格式

7	5	2	0.001
A	5.016		
B	6.016		
A	*P*1	1.359	1.1
A	*P*2	2.009	1.7
B	*P*1	0.363	2.3
B	*P*2	1.012	2.7
*P*1	*P*2	0.657	2.4
*P*1	*P*3	0.238	1.4
*P*3	*B*	0.595	2.6

格式说明：

(1)第一行称为网的概况信息，分别为观测值总数、总点数、已知点总数、验前单位权中误差。验前单位权中误差即观测高差的每千米高差中误差，以米为单位，这是闭合差检验和粗差探测必需的数据。

(2)第二行、第三行是已知点名及点名对应的已知高程值，高程值以 m 为单位。

(3)第四行至第十行为观测高差，每行的内容为高差起始点点名、高差终点点名、高差观测值和高差路线长度，高差值以 m 为单位，路线长以 km 为单位。

(4)网中的点名在程序中作为字符串处理，点名可以包含汉字、字母和数字等，字母区分大小写，每一个点只能有唯一的点名，点名中间不能有空格和控制字符。

在实际平差时，水准网的规模和数据可能会与本例不同，但只要按照上面介绍的数据格式和顺序将网的概况数据、已知数据、观测数据放在数据文件中，即可用本章的程序进行平差计算。

原始数据准备好后，以文本文件形式存于磁盘上，以供程序读取。

七、实习报告

______年______月______日　　班号______________姓名______________

八、思考题

(1)请简述将水准数据导入的程序设计思想。

(2)请简述平差类设计思想。

(3)请简述闭合差检验程序设计思想。

实验四　平面网平差程序设计

一、目的和要求

(1)掌握平面网间接平差原理。

(2)掌握平面网平差类设计方法。

二、仪器和工具

Windows 计算机、VS 编译器。

三、实验内容

完成平面网平差程序。

四、数学模型

平面网函数模型的建立需要依赖测量值之间的几何关系 $f(L)$，然后根据平差原理进行平差计算，得到测量值的改正数和点的平差值坐标。为了方便得到最后的点位坐标，本章采用间接平差方法，观测值函数形式为：

$$\hat{L} = f(\hat{X}) \tag{5-28}$$

式中，$\hat{L}$ 为观测值的平差值，$\hat{X}$ 为点位坐标的平差值，平差值为观测值与改正数之和。改正数的误差方程表示为：

$$v = f(x) \tag{5-29}$$

在边角同测的网型中，在建立协方差阵和误差方程时，边长值单位取 m，角度单位取 s。便可以计算出误差方程的系数阵 B 和常数项 l 的具体数值：

$$v = Bx - l \tag{5-30}$$

再根据最小二乘平差原理得到点位坐标和观测值的改正数：

$$x = (B^{\mathrm{T}}\boldsymbol{P}B)^{-1}\ B^{\mathrm{T}}\boldsymbol{P}l \tag{5-31}$$

$$v = B\ (B^{\mathrm{T}}\boldsymbol{P}B)^{-1}\ B^{\mathrm{T}}\boldsymbol{P}l - l \tag{5-32}$$

单位权中误差估值为：

$$\hat{\sigma}_0 = \sqrt{\frac{v^{\mathrm{T}}\boldsymbol{P}v}{r}} \tag{5-33}$$

式中，r 为多余观测数。

五、实验步骤

(1)设计总平差类 CugPlaneAdjust。

它包含必要的成员函数声明：近似坐标计算函数、误差方程函数、平差计算函数、误差椭圆绘制函数。

(2)实现近似坐标计算函数。

如图 5-2 所示,未知点与已知点有一条边长 S_{AC} 和一个角度观测值 b,同时还已知一条边的方位角 α。那么 AC 方向的方位角为:

$$\alpha_{AC} = a + b \tag{5-34}$$

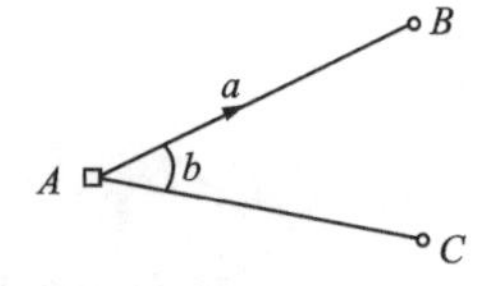

图 5-2　未知点与已知点有一条边长 S_{AC} 和一个角度观测值 b

那么,由 A 到 C 的平面坐标增量为:

$$\begin{cases} \Delta X_{AC} = S_{AC} \cdot \cos\alpha_{AC} \\ \Delta Y_{AC} = S_{AC} \cdot \sin\alpha_{AC} \end{cases} \tag{5-35}$$

由 A 到 C 坐标增量加上 A 的平面坐标,便可以计算出 C 点的平面近似坐标。对于下一个与 C 相邻的点,将 C 当作已知点,边 AC 为已知方位角,来计算其近似坐标。依此类推,便可以计算出所有未知点的近似坐标。

坐标计算函数的流程由 4 层循环体构成:

第一层循环,检查坐标未知的点数是否等于 0。若等于 0,就结束近似坐标计算;若不等于 0,就开始第二层循环,继续进行近似坐标计算。

第二层循环,以方向组的序号作为循环变量,按方向组循环,查找测站点坐标已知的方向组。若找到测站点是已知点的方向组,就开始第三层循环;否则,继续循环查找下一方向组。

第三层循环,在测站点坐标已知的方向组中找已知方位角(观测方向是坐标已知点,或者观测方向有方位角观测值)。若找到已知方位角,就开始第四层循环;否则继续查找下一方向。

第四层循环,在方向组中查找未知点方向,找到未知点后,应用坐标计算公式计算未知点的坐标,将坐标存入数组中。每计算出一个未知点的坐标,坐标未知点数减 1。经过上面的循环,直至计算出全部未知点的坐标。

(3)实现误差方程组成函数。

(4)实现平差处理函数。

(5)实现误差椭圆绘制函数。

六、注意事项

由于导线网一般都包含两种及以上观测数据类型,因此所构建的方差协方差阵的值都需要带上单位,不同观测值类型构建的协因数和权值也带有单位。

七、实习报告

______年______月______日　　班号______________姓名______________

八、思考题

(1)请简述平差网输入数据的文件格式。

(2)请说明误差方程函数的实现。

实验五　GNSS 网平差程序设计

一、目的和要求

(1)掌握 GPS 网平差理论与方法。
(2)掌握 GPS 网平差的程序实现。

二、仪器和工具

Windows 计算机、VS 编译器。

三、实验内容

(1)完成 GPS 网平差程序。
(2)利用 GPS 网平差程序计算实例。

四、数学模型

GPS 基线向量是三维向量数据,表示的是各点之间的三维坐标增量 $x=[\Delta x_i]^{\mathrm{T}}$,可以根据向量列出误差方差:

$$v=\begin{bmatrix}x_{i1}\\y_{i1}\\z_{i1}\end{bmatrix}-\begin{bmatrix}x_{i2}\\y_{i2}\\z_{i2}\end{bmatrix}-\begin{bmatrix}\Delta x_i\\\Delta y_i\\\Delta z_i\end{bmatrix}\tag{5-36}$$

设每一个 GPS 网中的坐标为 $[x_i \quad y_i \quad z_i]^{\mathrm{T}}$,每一个坐标分量用近似值和参数改正数表示为 $x_i=x_i^0+\delta x_i$,代入式(5-36)可转化为:

$$v=\begin{bmatrix}\delta x_{i1}\\\delta y_{i1}\\\delta z_{i1}\end{bmatrix}-\begin{bmatrix}\delta x_{i2}\\\delta y_{i2}\\\delta z_{i2}\end{bmatrix}-\begin{bmatrix}x_{i2}^0-x_{i1}^0+\Delta x_i\\y_{i2}^0-y_{i1}^0+\Delta y_i\\z_{i2}^0-z_{i1}^0+\Delta z_i\end{bmatrix}\tag{5-37}$$

将式(5-37)用矩阵形式表示为:

$$v=B\delta_x-l\tag{5-38}$$

由最小二乘原理 $V^{\mathrm{T}}\boldsymbol{PV}=min$,建立方程 $\varphi(x)=V^{\mathrm{T}}\boldsymbol{PV}$,结合式(5-38),根据拉格朗日级数法得到:

$$B^{\mathrm{T}}\boldsymbol{P}B\delta_x-B^{\mathrm{T}}l=0\tag{5-39}$$

令 $N_{bb}=B^{\mathrm{T}}\boldsymbol{P}B$,式(5-39)可以表示为:

$$N_{bb}\delta_x-B^{\mathrm{T}}\boldsymbol{Pl}=0\tag{5-40}$$

$$\delta_x=N_{bb}^{-1}B^{\mathrm{T}}\boldsymbol{Pl}\tag{5-41}$$

向量观测值的改正数为:

$$v=BN_{bb}^{-1}B^{\mathrm{T}}\boldsymbol{Pl}-l\tag{5-42}$$

单位权中误差为:

$$\sigma_0=\sqrt{\frac{V^{\mathrm{T}}\boldsymbol{PV}}{3(n-q)}}\tag{5-43}$$

式中,n 为总点数;q 为已知点数。

五、实验步骤

(1)实现 GNSS 网平差类 CugGNSSVecAdj。

(2)实现协因数阵类 CugCovariance。

(3)实现误差方程 CugErrorEQ 类的定义。

(4)实现法方程 CugNormEQ 类的定义。

(5)实现精度评定 CugAccuracy 类的定义。

(6)实现结果输出 CugResOutput 类的定义。

六、数据格式

本程序采用的基线向量观测文件格式如图 5-3 所示。该 GPS 基线向量数据采用分组记录形式,将同时段观测数据解算得到的向量作为一个向量组,同时段的基线向量为相关观测。该文件格式总体分为两个部分:前一部分为文件头;后一部分为向量数据。

文件头第一行记录 3 个数据,分别为 GPS 点的个数、向量组个数和基线向量个数。文件头的第二部分记录了各点的近似坐标,还增加了一列用于识别已知点和未知点的标识符,已知点其值为 1,而未知点其值为 0。

向量数据部分也是采用分组记录形式,每一组数据包含 3 个部分:第一部分记录向量组编号和该组向量个数;第二部分记录基线向量的起始点和终止点的编号,以及相应的 3 个坐标分量的增量;第三部分记录各点坐标分量之间的协方差阵,由于该矩阵为对称阵,所以只记录成下三角矩阵,其中第一列为列标识符,用于确定该方阵的行列个数,如图 5-3 所示。

```
        6       6       17
A       -2703200.781    4678971.017     3376976.804     1
B       -2700177.634    4681527.96      3375839.604     0
C       -2700962.679    4677908.554     3380169.592     0
D       -2699182.707    4680027.057     3378669.133     0
E       -2696225.531    4683062.639     3376832.818     1
F       -2697018.653    4684079.958     3374834.172     0
1       3
        E       D       -2957.1626      -3035.5797      1836.3436
        E       B       -3952.0795      -1534.7029      -993.221
        E       F       -793.1314       1017.3047       -1998.6612
1       7.85E-05
2       -2.47E-051.19E-03
3       -2.49E-057.62E-04 5.86E-04
4       2.15E-05 6.43E-06 1.46E-06 3.73E-05
5       3.06E-06 4.61E-04 3.51E-04 3.38E-05 9.18E-04
6       7.42E-06 3.46E-04 2.95E-04 2.48E-05 6.89E-04 5.80E-04
7       2.21E-05 5.30E-06 -1.83E-062.07E-05 9.94E-06 7.28E-06 4.64E-05
8       -1.05E-064.63E-04 3.54E-04 8.88E-06 4.66E-04 3.52E-04 5.98E-05 9.62E-04
9       1.15044E-05       3.40E-04 2.91E-04 7.13E-06 3.52E-04 3.01E-04 4.58E-05 7.13E-04 5.99E-04
2       3
        B       F       3158.9599       2552.0255       -1005.419
        B       E       3952.0925       1534.7129       993.223
        B       D       994.9456 -1500.8996     2829.5698
1       5.34E-05
2       -1.68E-058.10E-04
3       -1.69E-055.18E-04 3.98E-04
4       1.46E-05 4.37E-06 9.95E-07 2.54E-05
5       2.08E-06 3.13E-04 2.39E-04 2.30E-05 6.24E-04
6       5.04E-06 2.35E-04 2.01E-04 1.69E-05 2.80E-01 3.94E-04
7       1.50E-05 3.60E-06 -1.24E-061.41E-05 6.76E-06 4.95E-06 3.16E-05
```

图 5-3　GPS 基线向量文件

七、计算实例

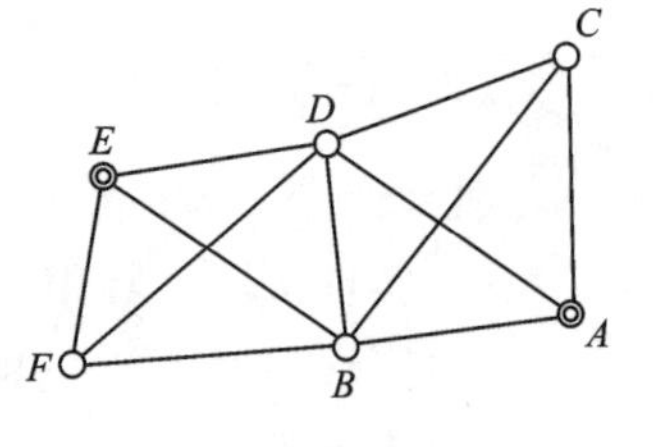

图 5-4　GPS 观测网

GPS 观测网网型如图 5-4 所示。该网具有 2 个已知点、4 个未知点，向量文件记录的近似坐标见表 5-4。该向量文件共记录了 17 条基线向量，通过分析网型可以得到必要观测数是 12，可以确定误差方程的系数阵的列数。基线向量为三维坐标增量数据，那么这 17 个基线向量在数据处理中会构建 51 个误差方程，由此确定了误差方程的系数阵，同样地，会构建 51 阶坐标增量之间的方差协方差阵；然后根据向量的增量关系就可以计算出误差方程的常数项，构建误差方程；再由方差协方差阵计算出协因数阵和权阵，就可以建立法方程；最后根据最小二乘估计，就可以计算出各个点的坐标分量的改正值，从而可以得到向量增量的改正值和各个点的平差值。

表 5-4　GPS 点的近似坐标

点号	x 坐标/m	y 坐标/m	z 坐标/m	点标识符
A	−2 703 200.781	4 678 971.017	3 376 976.804	1
B	−2 700 177.634	4 681 527.96	3 375 839.604	0
C	−2 700 962.679	4 677 908.554	3 380 169.592	0
D	−2 699 182.707	4 680 027.057	3 378 669.133	0
E	−2 696 225.531	4 683 062.639	3 376 832.818	1
F	−2 697 018.653	4 684 079.958	3 374 834.172	0

八、实习报告

______年______月______日　　班号________________姓名________________

九、思考题

(1)请利用所编写的 GNSS 网平差程序完成实例计算，见表 5-5。

表 5-5　实例计算表

点号	x 坐标/m	x 坐标改正数/m	y 坐标/m	y 坐标改正数/m	z 坐标/m	z 坐标改正数/m
A						
B						
C						
D						
E						
F						

(2)请简述 GNSS 平差类结构。

第六章　地籍测量课间实验

实验一　城镇土地权属调查

一、目的和要求

了解土地权属调查的内容、方法，熟练掌握地籍调查表的填写要求和宗地草图的绘制方法，做到能够独立从事土地权属调查工作。

二、仪器和工具

（1）本实习安排 4 个课时，实习在野外进行，可在学校附近或校内选取一个封闭的地块如风雨实习场等作为调查对象。

（2）每个小组准备经检校过的钢尺 1 副、记录板 1 块、铅笔 1 支、小三角板 1 块。

（3）每小组准备空白地籍调查表 1 份。

三、实习任务

（1）对选定的调查宗地进行权属调查。

（2）填写地籍调查表。

（3）绘制该宗地的宗地草图。

（4）编写实习报告。

四、土地权属调查的内容

（1）土地的权属状况，包括宗地权属性质、权属来源、取得土地的时间、土地使用者或所有者名称、取得土地的期限等。

（2）土地的位置，包括土地的坐落、界址、四至关系等。

（3）土地的行政区划界线以及相关的地理名称。

（4）土地的利用状况和级别等。

五、土地权属调查的方法与步骤

（1）准备工作：准备表册、仪器、工具，收集调查区域的相关资料。

（2）实地调查：包括现场指界、界标设定、实量界址边长、填写地籍调查表、绘制宗地草图等。

界址指界：应由本宗地及相邻宗地指界人亲自到场共同指界，委托他人指界的应有委托书。

界标设定：根据宗地的现场实际情况，选择合适的界标，填写宗地界址调查表时应特别注意标明界址线应在的位置，如界址点（线）标志物的中心、内边、外边等。

实量界址边长：用检校过的钢尺丈量界址边长和相关边长，精确至 0.01m。

地籍调查表：地籍调查表的填写方法和要求请参考《地籍测量》教材。

宗地草图：宗地草图的绘制方法和要求请参考《地籍测量》教材。

六、实习上交成果

依照《城镇地籍调查规程》（TD/T 1001—2012）提交下列成果：地籍调查表、调查宗地草图、实习报告。

七、注意事项

（1）丈量用的钢尺需进行检校，合格后方能使用。

（2）地籍调查表要做到图表与实地一致，准确无误，字迹清楚整洁。

（3）地籍调查表中各项目不得涂改，同一项内容划改不得超过两次，划改处应加盖划改人员印章或签名，宗地草图样图如图 6-1 所示。

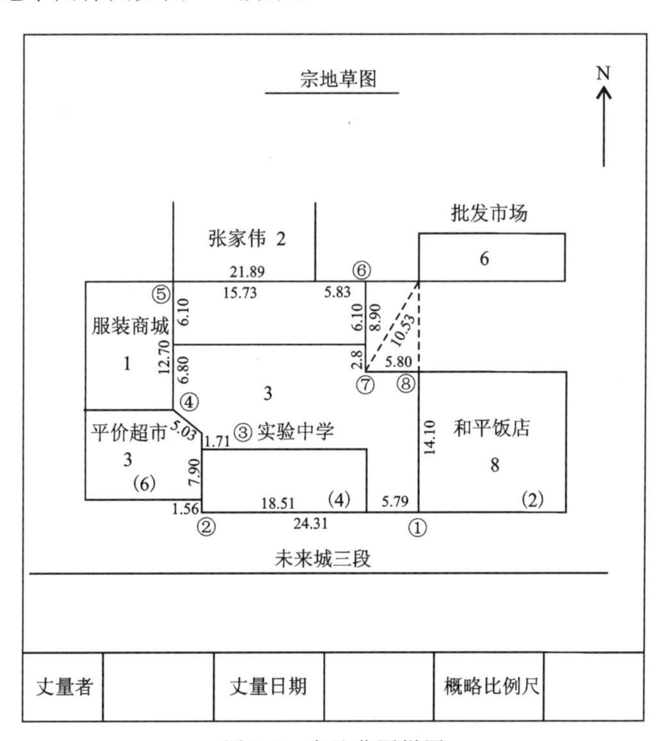

图 6-1　宗地草图样图

八、思考题

(1)简述土地权属调查的内容和基本程序。

(2)宗地草图应包括哪些主要内容?

(3)5 种常用的界址标志分别适用于什么场合?

实验二　房屋面积调查

一、实习目的

(1)掌握用钢尺进行房屋丈量的测量、记录和计算的方法。

(2)掌握房屋基底面积、建筑面积的计算方法。

(3)掌握共有面积分摊原则及分摊计算的方法。

二、实习任务

(1)房屋丈量。丈量一栋房屋的边长,计算该房屋基底面积。

(2)丈量并计算该房屋的使用面积、墙体面积、阳台面积、分摊共有面积和产权面积,根据共有面积分摊的原则和方法对共有面积分层(分户)进行分摊计算。

(3)绘制房屋权属界线示意图。

(4)填写房屋调查表和房屋面积量算表。

(5)编写实习报告。

三、实习仪器设备

(1)本次实习安排 4 个课时,实习在野外进行,计算工作可在课后完成。

(2)每个小组准备经检校的钢尺和钢卷尺各 1 副、记录板 1 块、铅笔 1 支、小三角板 1 块。

(3)每个小组准备边长钢尺量距记录表 2 份,空白房屋平面图 1 份,房屋面积量算表 1 份,见表 6-1。

表 6-1　房屋面积量算表

(××项目××幢)

丘号:　　　　　　　　　　　　面积单位:m^2

层次	共有共用部位名称	共有共用部位房号	应分摊面积	不分摊面积	分摊范围	备注
合计						

四、实习方法与步骤

(1)首先选定校内或校外一栋多功能的多层独立建筑物,层数在 10 层左右为宜。实习小组由 3～4 人组成,两人量距,一人协助。

(2)沿房屋外墙勒角以上用钢尺丈量房屋的边长,每边丈量两次取其中数,如果房屋的占地面积与房屋的底层建筑面积不相等,还要丈量房屋占地范围各边的边长。

(3)绘制房屋的平面示意图,并注记每个边长数据。

(4)用钢尺丈量房屋的共有部分的边长,如各层情况不同,要分层丈量。

(5)绘制房屋分层共有面积示意图,并计算各层的分户建筑面积和共有面积。

(6)按房屋的几何形状,利用实量数据与简单的几何公式计算房屋的建筑面积和房屋的占地面积。

(7)按同样的方法计算房屋的共有面积,并利用以下公式计算各户的分摊面积:

$$K = \sum \delta p_i / P_i \tag{6-1}$$

$$\delta p_i = K P_i \tag{6-2}$$

式中,δp_i 为各户应分摊的共有面积;P_i 为参加分摊的共有面积;$\sum \delta p_i$ 为需要分摊的面积。

五、注意事项

(1)钢尺操作要做到三清:①零点清楚,尺子零点不一定在尺端,有些尺子零点前还有一段分划;②读数认清,尺子读数要认清米(m)、厘米(cm)的注记和毫米(mm)的分划数;③尺段记清,尺段较多时,容易发生漏记的错误。

(2)钢尺容易损坏,为维护钢尺,应做到四不:不扭、不折、不压、不拖。用完擦净后才可以卷入尺壳内。

(3)丈量用的钢尺需进行检校,合格后方能使用。

(4)丈量边长读数取至厘米(cm)。边长要进行两次丈量,两次丈量结果较差应符合下式规定:

$$\Delta D = \pm 0.04 \times D (D \text{ 的单位为 m}) \tag{6-3}$$

房屋面积测算的中误差 M_P 按下式计算:

$$M_P = \pm (0.04\sqrt{P} + 0.003P) \tag{6-4}$$

式中,P 为房屋面积,单位为 m^2。

房屋建筑面积使用的单位为平方米(m^2),面积数值取位至 $0.1m^2$。

六、思考题

(1)房屋面积调查的主要内容有哪些?

(2)如何计算各户的分摊面积?

实验三　界址点测量

一、实习目的

掌握极坐标法、GNSS RTK 法、交会法、分点法等测量界址点的野外操作和内业计算方法。

二、实习任务

(1)分别用极坐标法、GNSS RTK 法、交会法、分点法测量 5～6 个界址点坐标。

(2)制作界址点误差表。

(3)编写实习报告。

三、实习仪器设备

(1)本次实习建议安排 4～6 个课时，实习在野外进行，计算工作可在课后完成。

(2)每个小组配全站仪 1 台、棱镜 1 套(或 RTK 1 套)、经检验的钢尺 1 副。

(3)每个小组配记录板 1 块、水平角观测记录表 1 份、钢尺丈量记录表 1 份、界址点成果表 1 份。

(4)已知控制点成果表 1 份。

四、实习方法与步骤

本次实习适合在校内测量实习场进行，要求场地开阔，各小组之间尽可能不互相干扰。首先在室外选定控制点和界址点，界址点的位置与控制点位置的关系要满足各种测量方法的图形条件。实习小组由 4～6 人组成，成员轮流操作和记录。

(1)根据控制点和待测界址点分布情况确定对哪些界址点采用何种方法进行测量。

(2)极坐标法。如图 6-2 所示，在某一控制点上架设全站仪，测出已知方向和界址点之间的角度。用全站仪测量测站点与界址点之间的距离来确定界址点的位置(如界址点位于墙角或房角，应考虑目标偏心问题)。

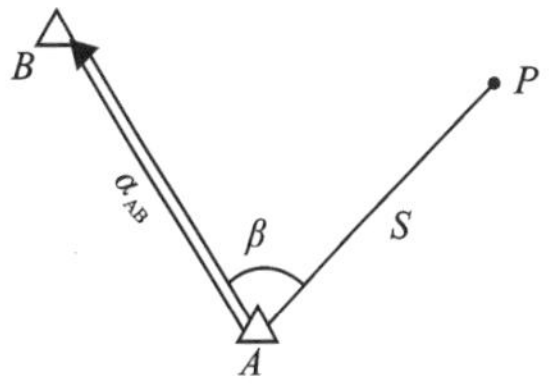

$$\alpha_{AB}=\arctan\frac{Y_B-Y_A}{X_B-X_A} \tag{6-5}$$

$$X_P=X_A+S\cos(\alpha_{AB}+\beta) \tag{6-6}$$

$$Y_P=Y_A+S\sin(\alpha_{AB}+\beta) \tag{6-7}$$

图 6-2　极坐标法

图 6-3　角度交会法

(3)角度交会法。如图 6-3 所示，分别在两个控制点上设站，在两个测站点上测量两个角度进行交会以确定界址点的位置。

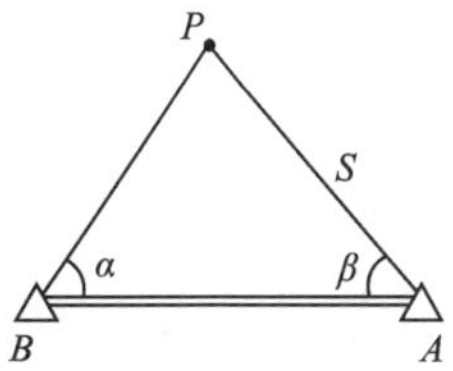

$$X_P=\frac{X_B\cdot\cot\alpha+X_A\cdot\cot\beta+Y_A-Y_B}{\cot\alpha+\cot\beta} \tag{6-8}$$

$$Y_P=\frac{Y_B\cdot\cot\alpha+Y_A\cdot\cot\beta+X_B-X_A}{\cot\alpha+\cot\beta} \tag{6-9}$$

(4)距离交会法。如图 6-4 所示，在两个控制点上分别量出至某一界址点的距离，从而确定界址点的位置。

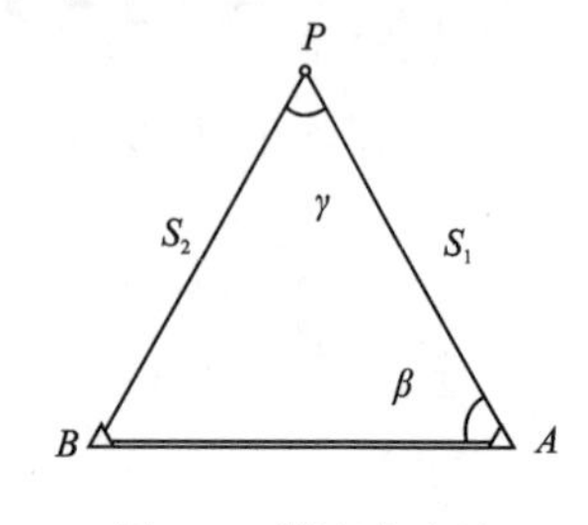

图 6-4　距离交会法

$$S_{AB}=\sqrt{(x_B-x_A)^2+(y_B-y_A)^2} \tag{6-10}$$

$$\alpha_{AB}=\tan^{-1}\left(\frac{y_B-y_A}{x_B-x_A}\right) \tag{6-11}$$

$$\beta=\cos^{-1}\left(\frac{S_1^2+S_{AB}^2-S_2^2}{2S_1S_{AB}}\right) \tag{6-12}$$

$$\alpha_{AP}=\alpha_{AB}+\beta \tag{6-13}$$

(5)内外分点法。如图 6-5 所示，当界址点位于两个已知点的连线上时，分别量测出两个已知点至界址点的距离，从而确定界址点的位置。内外分点法分为内分点法和外分点法。

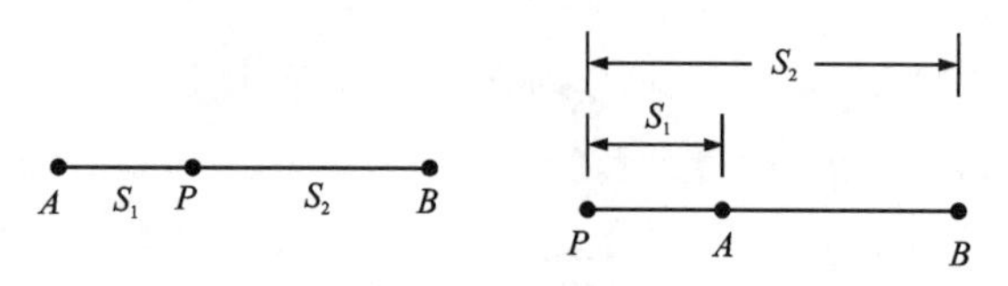

图 6-5　内外分点法

$$\begin{cases} x_P=\dfrac{x_A+\lambda x_B}{1+\lambda}, \text{内分时 } \lambda=\dfrac{S_1}{S_2} \\ y_P=\dfrac{y_A+\lambda y_B}{1+\lambda}, \text{外分时 } \lambda=-\dfrac{S_1}{S_2} \end{cases} \tag{6-14}$$

(6)制作界址点坐标误差表，见表 6-2 和表 6-3。

表 6-2　界址点坐标误差表

界址点号	测量坐标		检验坐标		比较结果		
	X/m	Y/m	X/m	Y/m	Δ_X/cm	Δ_Y/cm	Δ_S/m

表 6-3　界址间距误差表

界址边号	实量边长/m	反算边长/m	检测边长/m	ΔS_1/m	ΔS_2/m	备注

五、注意事项

(1)极坐标法一般是用全站仪测角、量距,其测站点可以是基本控制点、图根控制点;角度交会法一般用于测站上能看见界址点的位置,但无法测量出测站点至界址点的距离情况;内外分点法必须是界址点位于已知点的连线上。

(2)当采用角度交会法时,交会角应在 30°～150°范围内。采用距离交会法时,交会角亦应在 30°～150°范围内,并且界址点在已知点连线的投影位置要在两个已知点之间。

(3)界址点相对于邻近控制点的点位中误差不应超过 10cm。

(4)每个人必须单独完成对界址点坐标的计算,计算过程随其他资料一同上交。

实验四　数字地籍图测绘

一、实习目的

地籍测绘的目的是获取和表述不动产的权属、位置、形状、数量等有关信息，为不动产产权管理、规划、统计等多种用途提供定位系统和基础资料。本次实习主要是了解图根地籍平面控制测量方法，掌握分幅数字地籍图和宗地图测绘方法。

二、实习任务

（1）图根平面控制测量。每小组各自完成一条附合或闭合图根级导线（选点、测量、计算）。

（2）各小组分别完成测区内界址点、建筑物、构筑物及相关地籍要素测量，完成测区1∶500分幅地籍图测绘。

（3）在地籍图的基础上，每位同学完成一宗地的宗地图（A4幅面）编绘。

三、实习仪器设备

（1）本次实习建议安排4～6个课时，实习在野外进行，计算工作可在课后完成。

（2）每个小组配全站仪1台、棱镜2套、经检验的钢尺1副（有条件的配RTK 1套）。

（3）每个小组配记录板1块、用于绘制草图的白纸若干、记号笔1支、已知控制点成果表1份。

四、实习方法与步骤

1. 图根平面控制测量

各小组按教师提供的已知控制点进行导线布设（所选控制点用记号笔标在地面并编号）、测量和计算。水平角测量至少一测回，距离采用往返观测取平均值，导线点坐标成果应满足图根导线精度，见表6-4。

表6-4　图根导线技术参数表

等级	平均边长/m	附合导线长度/km	测距中误差/mm	测角中误差/(″)	导线全长相对闭合差	水平角观测测回数		方位角闭合差/(″)	距离测回数
						DJ_2	DJ_6		
一级	100	1.5	±12	±12	1/6000	1	2	$\pm 24\sqrt{n}$	2
二级	75	0.75	±12	±20	1/4000	1	1	$\pm 40\sqrt{n}$	1

2. 数字地籍图测绘

严格执行《地籍测绘规范》（CH/T 5002—94）、《地籍图图式》（CH/T 5003—94）等地籍测量规范进行作业。用全站仪极坐标法测量界址点和其他相关地籍要素，测量的地籍要素对象主要包括行政区域界线、权属界址、建筑物和永久性的构筑物和地类界线等。在天空开阔区域，也可采用 GNSS-RTK 测定界址及相关地籍要素。

野外测量时记录测站点号，定向点号，然后逐点测量和记录点号、水平角、水平距离，或直接记录 x 和 y，并绘制草图。也可采用钢尺进行几何测量，如采用直角坐标法、距离交会法等。界址点精度应满足精度要求，即界址点相对于邻近图根点误差不大于 10cm，不同图根点测量同一个界址点较差不大于 5cm。

下载测量数据，利用南方 CASS 地形地籍绘图系统绘制权属界线，输入各宗地属性信息，编辑图形并绘制地籍图和各宗地的宗地图，宗地图样图如图 6-6 所示。

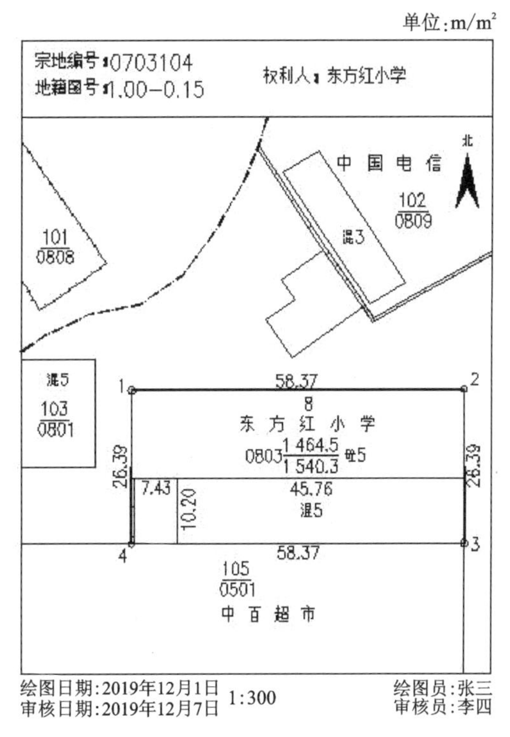

图 6-6　宗地图样图

五、提交资料

(1)整理好的地籍图 1 份。

(2)平面控制点图 1 份、计算成果 1 份。

(3)宗地图每宗地 1 份(32 开大小，用 A4 纸打印)。

六、思考题

(1)试述各种实测权属界址点坐标的原理、方法和应用条件。

(2)简述利用全站仪测绘地籍图的作业步骤。

第七章　测量平差课间实验

实验一　平差易的认识

一、目的和要求

（1）了解南方平差易软件的基本功能。

（2）掌握南方平差易软件的主界面各下拉菜单的功能。

二、仪器和工具

南方平差易软件。

三、实验内容

南方平差易软件各个菜单的功能认识。

四、实验方法与步骤

1. 启动平差易

启动平差易的方式有3种。

第一种：直接在桌面上双击平差易的图标“南方平差易2002”。

第二种：点击“开始\程序\South Survey Office\南方平差易2002”。

第三种：点击“C:\Program Files\South Survey Office\Power Adjust\PA.exe”。

2. 主界面

启动后即可进入平差易的主界面。

PA2002的操作界面主要分为两部分：顶部下拉菜单和工具条。软件PA2002的主界面如图7-1所示。

主界面中包括测站信息区、观测信息区、图形显示区、顶部下拉菜单和工具条。

3. 下拉菜单

所有PA2002的功能都包含在顶部的下拉菜单中，可以通过操作平差易软件的下拉菜单来完成平差计算的所有工作，例如：文件读入和保存、平差计算、成果输出等。

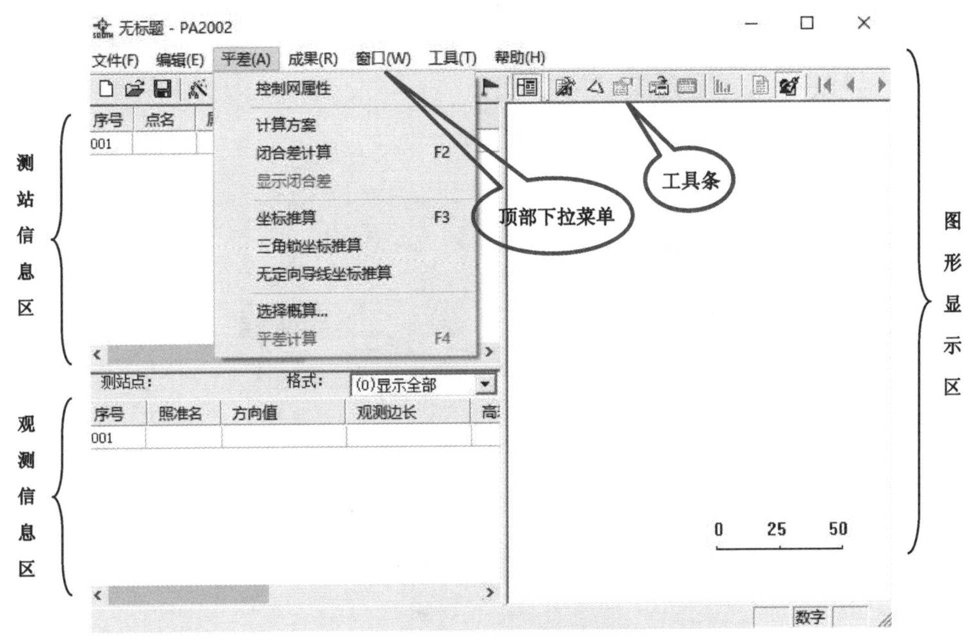

图 7-1　PA2002 主界面

(1)文件菜单包含文件的新建、打开、保存、导入控制精灵、平差向导和打印等,如图 7-2 所示。

(2)编辑菜单包含查找记录、删除记录,如图 7-3 所示。

(3)平差菜单包含控制网属性、计算方案、闭合差计算、坐标推算、选择概算和平差计算等,如图 7-4 所示。

(4)成果菜单包含精度统计、网形分析、输出闭合差统计表、输出 CASS 坐标文件、输出到 WORD 和输出平差略图等。当没有平差结果时,该对话框为灰色。成果菜单如图 7-5 所示。

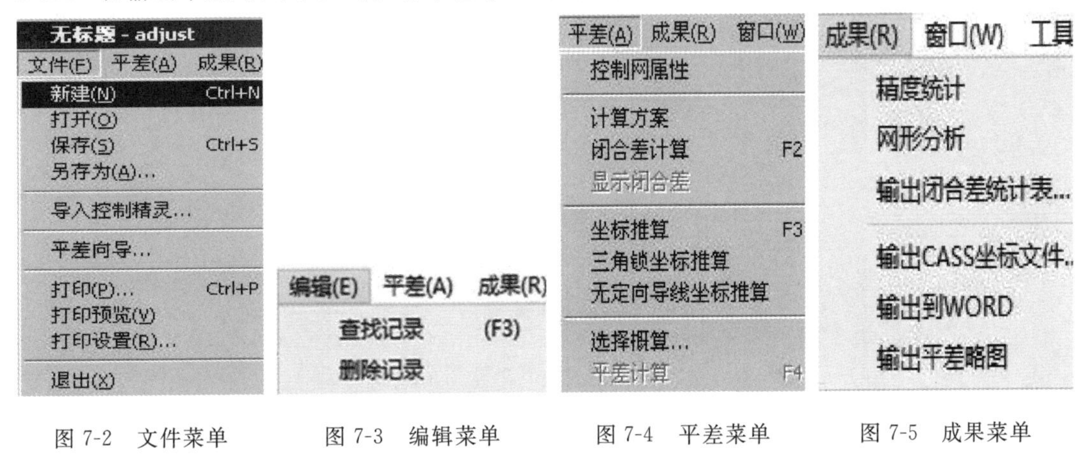

图 7-2　文件菜单　　图 7-3　编辑菜单　　图 7-4　平差菜单　　图 7-5　成果菜单

(5)窗口菜单包含平差报告、网图显示、报表显示比例、报表设置、网图设置等,如图 7-6 所示。

(6)工具菜单包含坐标换算、解析交会、大地正反算、坐标反算等,如图 7-7 所示。

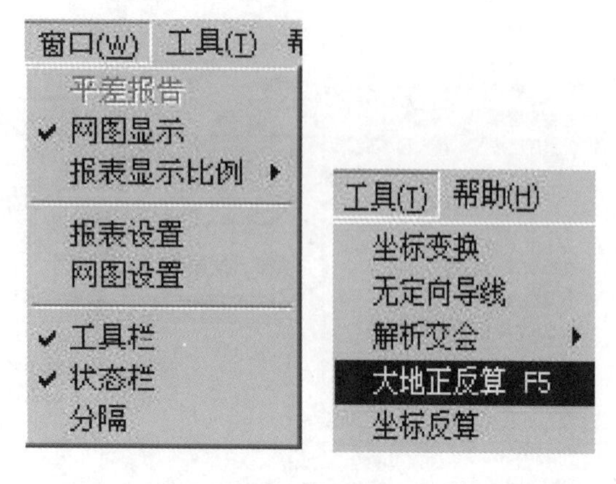

图 7-6 窗口菜单　　图 7-7 工具菜单

(7)工具条包含保存、打印、视图显示、平差和查看平差报告等功能,如图 7-8 所示。

图 7-8 工具条

五、思考题

(1)如何启动平差易软件?有几种启动方式?

(2)顶部下拉菜单和工具条有哪些?具有哪些功能?

(3)如何利用软件进行坐标变换、解析交会、大地正反算和坐标反算?

实验二　向导式平差的应用

一、目的和要求

掌握向导式平差的基本操作。

二、仪器和工具

南方平差易软件 1 套、平差数据文件 1 个。

三、实验内容

向导式平差方法的应用。

四、实验方法与步骤

向导式平差需要事先编辑好数据文件，这里就以 demo 中的“边角网 4. txt”文件为例来说明。

第一步：进入平差向导

首先启动“南方平差易 2002”，然后用鼠标点击下拉菜单“文件\平差向导”。“平差向导”如图 7-9 所示。

第二步：选择平差数据文件

点击“下一步”进入平差数据文件的选择页面。“选择平差数据”如图 7-10 所示。点击“浏览”来选择要平差的数据文件。

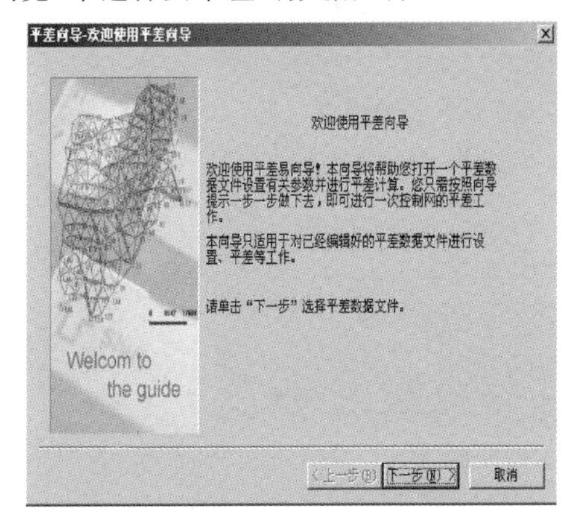

图 7-9　平差向导

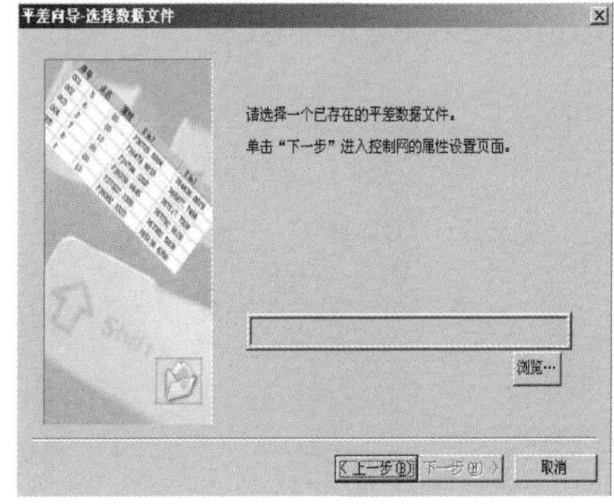

图 7-10　选择平差数据

所选择的对象必须是已经编辑好的平差数据文件，如 PA2002 的 Demo 中“边角网 4”。对于数据文件的建立，PA2002 提供了两种方式：一是启动系统后，在指定表格中手工输入数据，然后点击“文件\保存”生成数据文件；二是依照附录 A 中的文件格式，在 Windows 的“记事本”里手工编辑生成。

点击“打开”即可调入该数据文件，如图 7-11 所示。调入平差数据文件如图 7-12 所示。

图 7-11　打开数据文件　　　　图 7-12　调入平差数据文件

第三步:控制网属性设置

调入平差数据后点击“下一步”即可进入控制网属性设置界面，如图 7-13 所示。该功能将自动调入平差数据文件中控制网的设置参数，如果数据文件中没有设置参数，则此对话框为空，同时也可对控制网属性进行添加和修改，向导处理完后该属性将自动保存在平差数据文件中。

点击“下一步”进入计算方案的设置界面。控制网属性设置如图 7-13 所示。

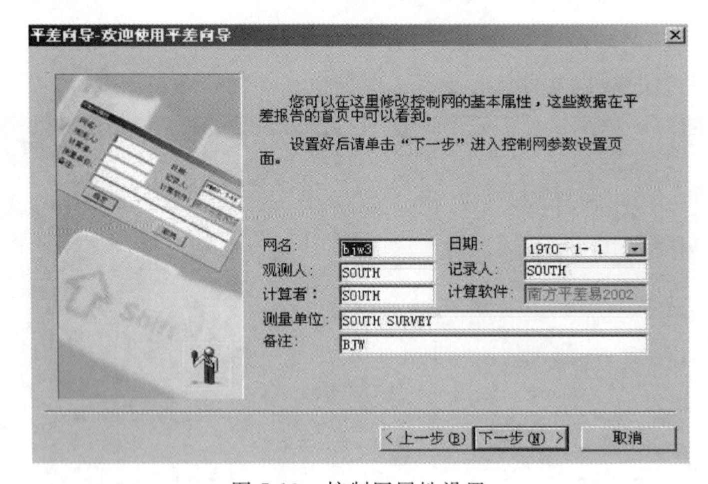

图 7-13　控制网属性设置

第四步:设置计算方案

设置平差计算的一系列参数，包括验前单位权中误差、测距仪固定误差、测距仪比例误差等，计算方案设置如图 7-14 所示。该向导将自动调入平差数据文件中计算方案的设置参数，如果数据文件中没有该参数则此对话框为默认参数(2.5,5,5)，同时也可对该参数进行编辑和修改，向导处理完后该参数将自动保存在平差数据文件中。

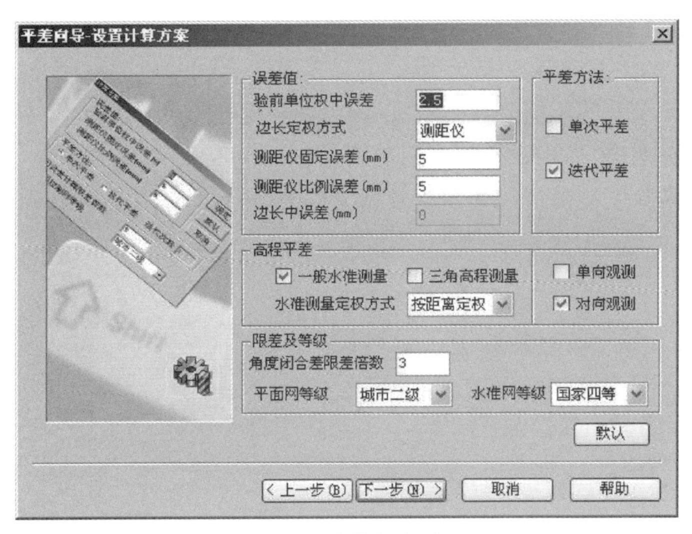

图 7-14　计算方案设置

点击“下一步”进入坐标概算界面。

第五步：选择概算

概算是对观测值的改化，包括边长、方向和高程的改正等。当需要概算时，就在“概算”前打“√”，然后选择需要概算的内容，如图 7-15 所示。

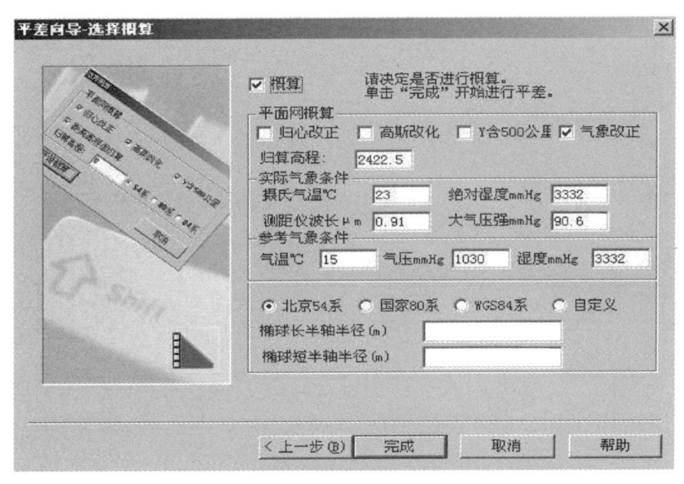

图 7-15　选择概算

点击“完成”则整个向导的数据处理完毕，随后就回到南方平差易 2002 的界面，在此界面中就可查看该数据的平差报告以及进行打印和输出。

五、应交成果

该数据的平差报告作为实习成果需上交。

六、思考题

(1)应用向导式平差的步骤是什么?

(2)在向导式平差中,如何设置控制网的属性?

(3)南方平差易除了能够应用边角网数据文件外,还可以应用哪些数据文件?

实验三　观测数据的录入

一、目的和要求

(1)学会导线观测数据的输入方法。
(2)学会水准观测数据的输入方法。

二、仪器和工具

南方平差易软件 1 套、平差数据文件 2 个。

三、实验内容

掌握导线和水准观测数据的输入方法。

四、实验方法与步骤

1. 导线观测数据的输入方法

(1)原始测量数据见表 7-1。
导线图如图 7-16 所示。

表 7-1　导线原始数据表

测站点	角度/(°　′　″)	距离/m	X/m	Y/m
B			8 345.870 9	5 216.602 1
A	85.302 11	1 474.444 0	7 396.252 0	5 530.009 0
2	254.323 22	1 424.717 0		
3	131.043 33	1 749.322 0		
4	272.202 02	1 950.412 0		
C	244.183 00		4 817.605 0	9 341.482 0
D			4 467.524 3	8 404.762 4

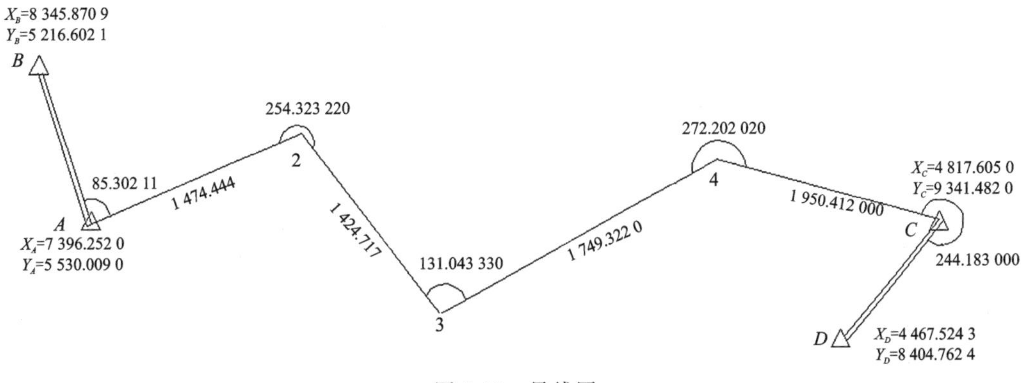

图 7-16　导线图

在平差易软件中输入以上数据，数据输入如图 7-17 所示。

序号	点名	属性	X(m)	Y(m)	H(m)
001	B	10	8345.8709	5216.6021	0.000000
002	A	10	7396.2520	5530.0090	0.000000
003	C	10	4817.6050	9341.4820	0.000000
004	D	10	4467.5243	8404.7624	0.000000
005	2	00			0.000000
006	3	00			0.000000
007	4	00			0.000000
008					

测站点： A　　格式： (1)边角

序号	照准名	方向值	观测边长	温度	气压
001	B	0.000000	1000.000000	0.000	0.0
002	2	85.302110	1474.444000	0.000	0.0
003					

图 7-17　数据输入

在测站信息区中输入 A、B、C、D、2、3 和 4 号测站点，其中 A、B、C、D 为已知坐标点，其属性为 10，其坐标见“原始数据表”(表 7-1)；2、3、4 点为待测点，其属性为 00，其他信息为空。如果要考虑温度、气压对边长的影响，就需要在观测信息区中输入每条边的实际温度、气压值，然后通过概算来进行改正。

根据控制网的类型选择数据输入格式，此控制网为边角网，选择边角格式。选择格式如图 7-18 所示。

图 7-18　选择格式

(2)输入测站点的观测信息。

B、D 作为定向点，它没有设站，所以无观测信息，但在测站信息区中必须输入它们的坐标。

以 A 为测站点，以 B 为定向点时(定向点的方向值必须为零)，照准 2 号点的数据输入“测站 A 的观测信息”，如图 7-19 所示。

测站点： A　　格式： (1)边角

序号	照准名	方向值	观测边长	温度	气压
001	B	0.000000	1000.000000	0.000	0.000
002	2	85.302110	1474.444000	0.000	0.000

图 7-19　测站 A 的观测信息

以 C 为测站点，以 4 号点为定向点时，照准 D 点的数据输入“测站 C 的观测信息”，如图 7-20 所示。

测站点： C			格式：	(1)边角	
序号	照准名	方向值	观测边长	温度	气压
001	4	0.000000	0.000000	0.000	0.000
002	D	244.183000	1000.000000	0.000	0.000

图 7-20　测站 C 的观测信息

以 2 号点作为测站点时，以 A 为定向点，照准 3 号点，“测站 2 的观测信息”，如图 7-21 所示。

测站点： 2			格式：	(1)边角	
序号	照准名	方向值	观测边长	温度	气压
001	A	0.000000	0.000000	0.000	0.000
002	3	254.323220	1424.717000	0.000	0.000

图 7-21　测站 2 的观测信息

以 3 号点为测站点，以 2 号点为定向点时，照准 4 号点的数据输入“测站 3 的观测信息”，如图 7-22 所示。

测站点： 3			格式：	(1)边角	
序号	照准名	方向值	观测边长	温度	气压
001	2	0.000000	0.000000	0.000	0.000
002	4	131.043330	1749.322000	0.000	0.000

图 7-22　测站 3 的观测信息

以 4 号点为测站点，以 3 号点为定向点时，照准 C 点的数据输入“测站 4 的观测信息”，如图 7-23 所示。

测站点： 4			格式：	(1)边角	
序号	照准名	方向值	观测边长	温度	气压
001	3	0.000000	0.000000	0.000	0.000
002	C	272.202020	1950.412000	0.000	0.000

图 7-23　测站 4 的观测信息

(3)数据的保存。

以上数据输入完后，点击菜单“文件\另存为”，将输入的数据保存为平差易数据格式文件。

2. 水准观测数据的输入方法

(1)水准测量数据和简图。

原始测量数据见表 7-2，水准导线图如图 7-24 所示。

表 7-2　水准原始数据表

测站点	高差/m	距离/m	高程/m
A	−50.440	1 474.444 0	96.062 0
2	3.252	1 424.717 0	
3	−0.908	1 749.322 0	
4	40.218	1 950.412 0	
B			88.183 0

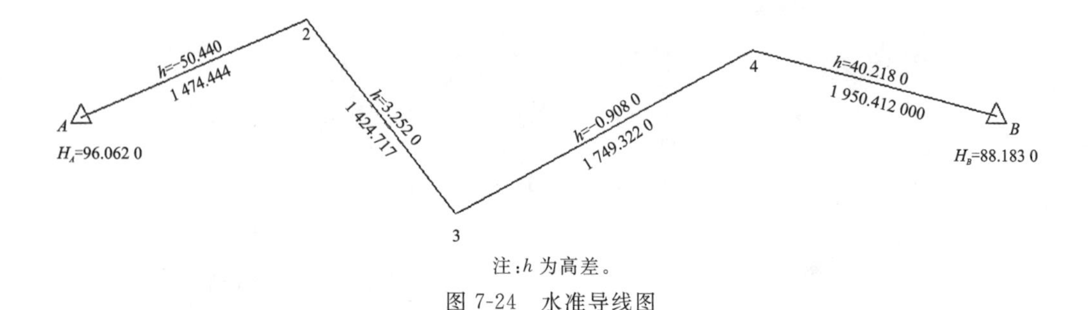

注：h 为高差。

图 7-24　水准导线图

(2)水准数据的输入。

在平差易中输入以上数据，水准数据输入如图 7-25 所示。

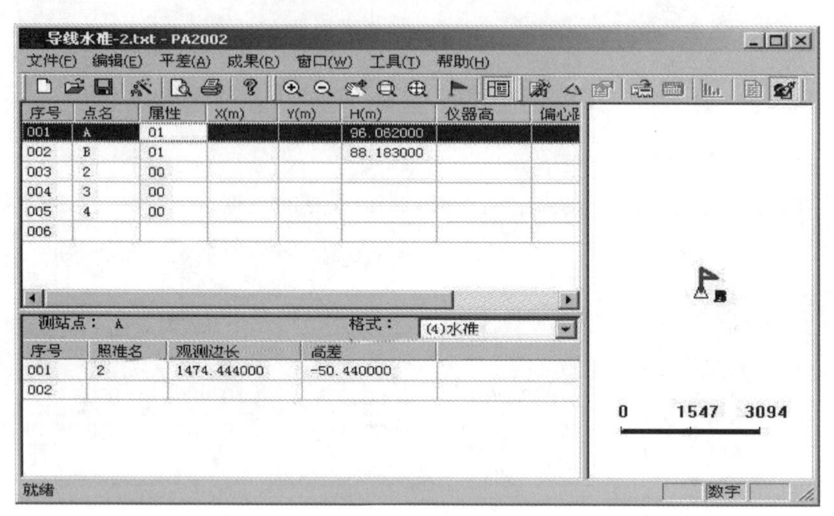

图 7-25　水准数据输入

在测站信息区中输入 A、B、2、3 和 4 号测站点，其中 A、B 为已知高程点，其属性为 01，其高程见“水准原始数据表”(表 7-2)；2、3、4 点为待测高程点，其属性为 00，其他信息为空。因为没有平面坐标数据，故在平差易软件中没有网图显示。

根据控制网的类型选择数据输入格式，此控制网为水准网，选择水准格式，选择格式如图 7-26所示。

图 7-26　选择格式

测段A点至2号点的观测数据输入(观测边长为平距),A→2观测数据如图7-27所示。

测站点： A			格式： (4)水准
序号	照准名	观测边长	高差
001	2	1474.444000	-50.440000

图7-27 A→2观测数据

测段2号点至3号点的观测数据输入,2→3观测数据如图7-28所示。

测站点： 2			格式： (4)水准
序号	照准名	观测边长	高差
001	3	1424.717000	3.252000

图7-28 2→3观测数据

测段3号点至4号点的观测数据输入,3→4观测数据如图7-29所示。

测站点： 3			格式： (4)水准
序号	照准名	观测边长	高差
001	4	1749.322000	-0.908000

图7-29 3→4观测数据

测段4号点至B点的观测数据输入,4→B观测数据如图7-30所示。

测站点： 4			格式： (4)水准
序号	照准名	观测边长	高差
001	B	1950.412000	40.218000

图7-30 4→B观测数据

(3)数据的保存。

以上数据输入完后,点击菜单“文件\另存为”,将输入的数据保存为平差易数据格式文件。

五、注意事项

(1)在“计算方案”中要选择“一般水准”,而不是“三角高程”。

(2)“一般水准”所需要输入的观测数据为观测边长和高差。

(3)“三角高程”所需要输入的观测数据为观测边长、垂直角、站标高和仪器高。

(4)在一般水准的观测数据中,输入了测段高差就必须输入相对应的观测边长,否则平差计算时该测段的权为零,导致计算结果错误。

六、思考题

(1)在平差易软件中如何输入导线、水准观测数据?

(2)如何编写纯文本格式的控制网数据文件?

实验四　三角高程平差

一、目的和要求

(1)学会三角高程观测数据的输入方法。

(2)学会平差过程的操作。

二、仪器和工具

南方平差易软件1套、平差数据文件1个。

三、实验内容

掌握三角高程观测数据的输入方法和平差过程的操作。

四、实验方法与步骤

1.三角高程观测数据的输入方法

(1)原始观测数据。

原始测量数据见表7-3,三角高程路线图如图7-31所示。

表7-3　三角高程原始数据表

测站点	距离/m	垂直角/(°　′　″)	仪器高/m	站标高/m	高程/m
A	1 474.444 0	1.044 0	1.30		96.062 0
2	1 424.717 0	3.252 1	1.30	1.34	
3	1 749.322 0	−0.380 8	1.35	1.35	
4	1 950.412 0	−2.453 7	1.45	1.50	
B				1.52	95.971 6

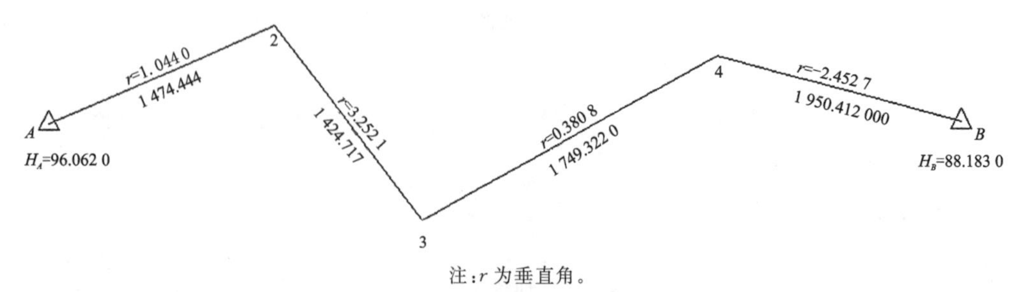

注:r为垂直角。

图7-31　三角高程路线图(模拟)

(2)观测数据的输入。

在观测信息区中输入每一个测站的三角高程观测数据。

测段A点至2号点的观测数据输入,A→2观测数据如图7-32所示。

测站点：A　　格式：(5)三角高程

序号	照准名	观测边长	高差	垂直角	觇标高
001	2	1474.444000	27.842040	1.044000	1.340000

图7-32　A→2观测数据

测段2号点至3号点的观测数据输入,2→3观测数据如图7-33所示。

测站点：2　　格式：(5)三角高程

序号	照准名	观测边长	高差	垂直角	觇标高
001	3	1424.717000	85.289093	3.252100	1.350000

图7-33　2→3观测数据

测段3号点至4号点的观测数据输入,3→4观测数据如图7-34所示。

测站点：3　　格式：(5)三角高程

序号	照准名	观测边长	高差	垂直角	觇标高
001	4	1749.322000	-19.353448	-0.380800	1.500000

图7-34　3→4观测数据

测段4号点至B点的观测数据输入,4→B观测数据如图7-35所示。

测站点：4　　格式：(5)三角高程

序号	照准名	观测边长	高差	垂直角	觇标高
001	B	1950.412000	-93.760085	-2.452700	1.520000

图7-35　4→B观测数据

(3)数据的保存。

以上数据输入完后,点击“文件\另存为”。

2.平差过程操作

(1)打开数据文件。

点击菜单“文件\打开”,在“打开文件”对话框中找到“三角高程导线.txt”。

(2)近似坐标推算。

用鼠标点击菜单“平差\推算坐标”即可进行坐标的推算。坐标推算如图7-36所示。

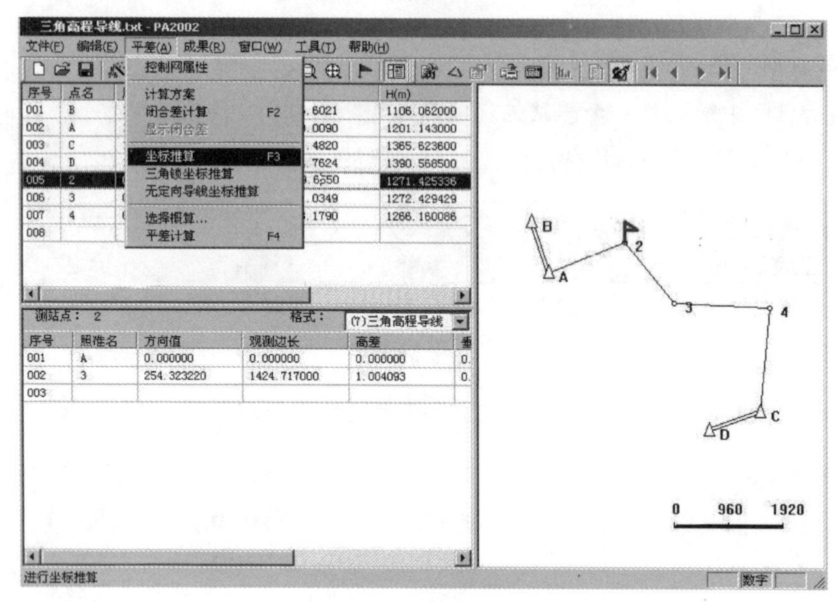

图 7-36 坐标推算

(3)选择概算。

主要对观测数据进行一系列的改化，根据实际的需要来选择其概算的内容并进行坐标的概算。选择概算的项目有归心改正、气象改正、方向改化、边长投影改正、边长高斯改化、边长加乘常数改正和 Y 含 500km。需要参入概算时就在项目前打“√”即可。

①归心改正。

在平差易软件中只有在输入测站偏心或照准偏心的偏心角和偏心距等信息时才能够进行此项改正。如没有进行偏心测量，则概算时就不进行此项改正。

②气象改正。

气象改正就是改正测量时温度、气压和湿度等因素对测距边的影响。

③方向改化。

方向改化：将椭球面上方向值归算到高斯平面上。

④边长投影改正。

边长投影改正的方法有两种：一种为已知测距边所在地区大地水准面对于参考椭球面的高度而对测距边进行投影改正；另一种为将测距边投影到城市平均高程面的高程上。

⑤边长高斯改化。

边长高斯改化有两种方法，根据“测距边水平距离的高程归化”选择的不同而不同。

⑥边长加乘常数改正。

利用测距仪的加乘常数对测边进行改正。

⑦Y 含 500km。

若 Y 坐标包含了 500km 常数，则在高斯改化时，软件将 Y 坐标减去 500km 后再进行相关的改化和平差。

⑧坐标系的选择。

北京 54 系、国家 80 系、WGS-84 系、自定义坐标系。

(4)计算方案的选择。

选择控制网的等级、参数和平差方法。

(5)闭合差计算与检核。

根据观测值和“计算方案”中的设定参数来计算控制网的闭合差和限差，从而检查控制网的角度闭合差或高差闭合差是否超限，同时检查分析观测粗差或误差。

(6)平差计算。

用鼠标点击菜单“平差\平差计算”即可进行控制网的平差计算。

(7)平差报告的生成与输出。

①精度统计表。

点击菜单“成果\精度统计”即可进行该数据的精度分析。

②网形分析。

点击菜单“成果\网形分析”即可进行网形分析。

③ 平差报告。

平差报告包括控制网属性、控制网概况、闭合差统计表、方向观测成果表、距离观测成果表、高差观测成果表、平面点位误差表、点间误差表、控制点成果表等。也可根据自己的需要选择显示或打印其中某一项，成果表打印时其页面也可自由设置。

④平差报告的打印。

选取打印对象，激活平差报告，进行打印设置、打印预览，最后控制网网图显示和打印。

五、思考题

(1)如何根据实际的需要进行坐标概算?

(2)在平差易的闭合差计算中，怎样得到粗差检测报告?

(3)如何自定义平差报告的输出格式?

第八章　无人机测量课间实验

实验一　无人机外业测量

一、目的和要求

(1)了解无人机系统的组成。
(2)掌握无人机飞行的操控。
(3)掌握无人机航线规划设计。
(4)掌握无人机控制测量的设计、方法。

二、仪器和工具

DJI Phantom 4 RTK 无人机、GNNS、智能手机、记录本。

三、实验内容

(1)了解 DJI Phantom 4 RTK 无人机的构造和系统组成。
(2)练习 DJI Phantom 4 RTK 无人机的操控、飞行、降落、巡航和图像回传等功能。
(3)练习航线规划。
(4)练习无人外业控制测量的设计、测量。

四、实验方法与步骤

1.组装无人机

按照无人机的操作手册,分步骤打开无人机、安装无人机、检查各附件是否齐全、接通电台和无人机飞控 App,测试无人机飞控 App 与无人机的正常连接,无人机组成如图 8-1 所示。

(1)螺旋桨的安装。

无人机共有 4 个螺旋桨,按标记颜色(黑色、灰色)分为两组,如图 8-2 所示。在螺旋桨安装时,要按螺旋桨标记与电机标记的颜色配对,颜色一致方能正确安装桨叶。安装桨叶时,一只手固定住电机,另一只手将桨叶对准电机的安装槽位,下压并旋转拧紧。如果桨叶和电机配对错误,则无法正常安装。安装好后要用手轻轻提桨叶,桨叶不脱落即安装完成。

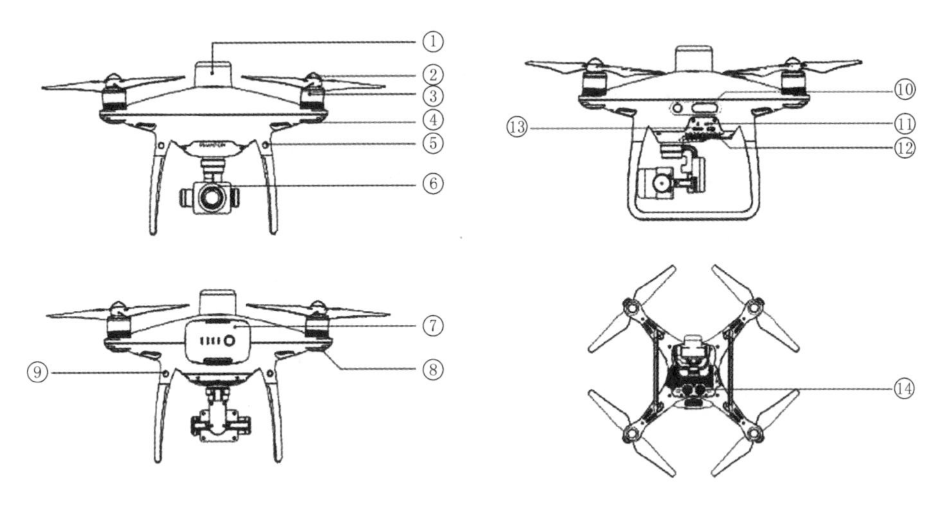

①机载 D-RTK 天线；②螺旋桨；③电机；④机头 LED 指示灯（红色为机头方向）；⑤前视视觉系统；⑥一体式云台相机；⑦智能飞行电池；⑧飞行器状态指示灯；⑨后视视觉系统；⑩红外感知系统；⑪相机、对频状态指示灯/对频按键；⑫调参接口（micro USB）；⑬相机 microSD 卡槽；⑭下视视觉系统。

图 8-1　无人机组成部分

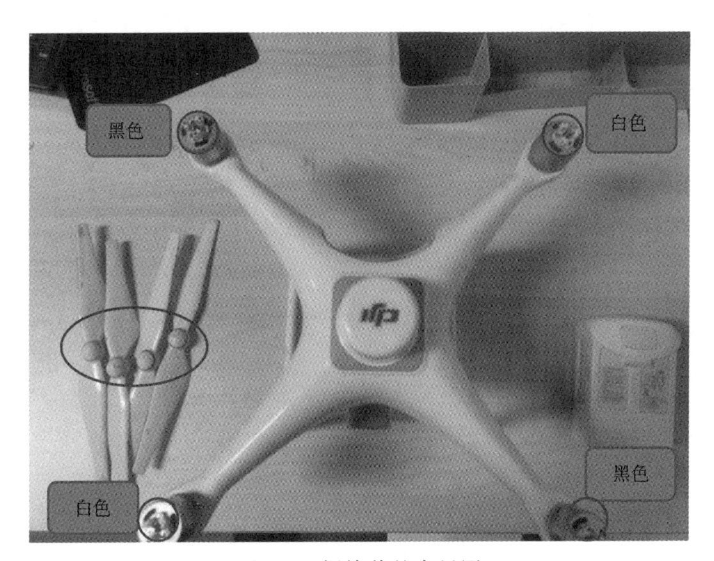

图 8-2　螺旋桨的布局图

（2）电池的安装。

分别装入遥控器和飞行器的电池，开关机方法均为：短按＋长按电源按钮。先开启遥控器，再开启飞行器，保证飞行器在开启时一直处于受控状态。开启飞行器前切记取下云台保护套和保护卡扣，如图 8-3 所示。

图 8-3　飞机云台卡扣

(3)遥控器的使用说明如图 8-4 所示。

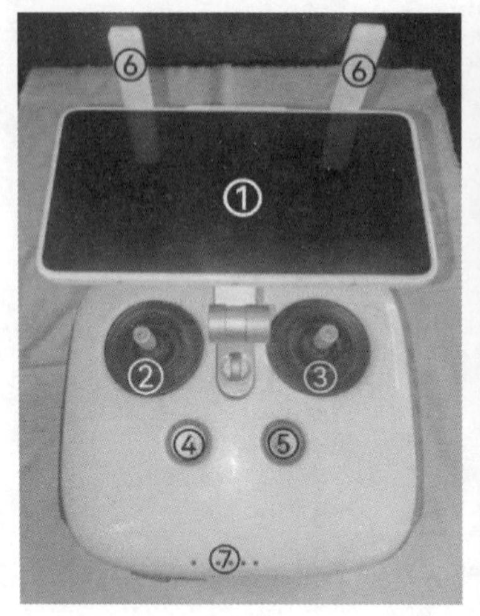

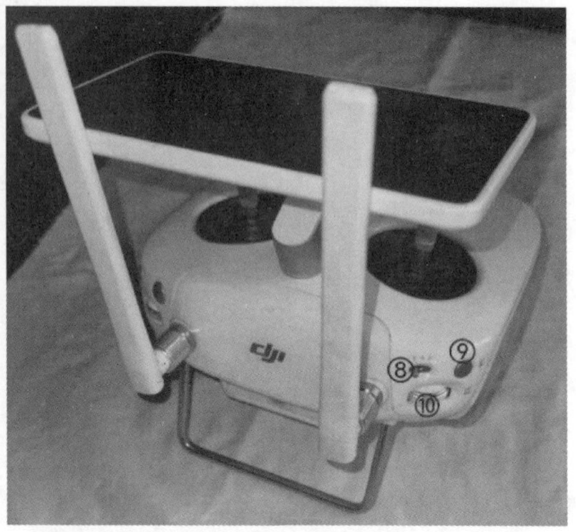

图 8-4　遥控器的操作按钮

①显示屏,飞行器、遥控器的信息显示屏幕。

②左摇杆,如果遥控器操作方式默认设置为美国手,则前后控制飞行器的上升/下降,左右控制飞行器的左旋/右旋(日本手前后控制飞行器的前进/后退,左右控制飞行器的左旋/右旋)。

③右摇杆,如果遥控器操作方式默认设置为美国手,则前后控制飞行器的前进/后退,左右控制飞行器的左移/右移(日本手前后控制飞行器的上升/下降,左右控制飞行器的左移/右移)。

④开/关机键,开关机均为短按一下"电源"按钮,再长按一下"电源"按钮。

⑤一键返航,短按一下再长按一下飞行器触发返航。需要注意的是,在无人机返航过程中应避免再次碰触该按键,如果误触,无人机将停止返航并悬停在当前位置。

⑥遥控器天线,天线平行于飞行器时信号最佳。

⑦遥控器的电量指示灯。

⑧PAF 档位开关,3 个档位分别代表:P 档为 GPS 模式,稳定飞行;A 档为姿态模式,随风漂移,没有刹车,飞行速度最快;F 档地面站功能,有无头模式、兴趣点环绕、航点飞行等。另外在作业中,该按键可作为急停开关使用,拨动开关即可停止作业,返航过程中拨动开关,可退出返航过程。

⑨录影按键,按下该键可启动或停止录影。

⑩云台俯仰控制拨轮,向右拨云台上扬,向左拨云台下俯。

⑪A 键为拍照按键,按下即可拍照。

⑫B 键为预留功能按键。

⑬多机控制切换转盘,使用一控多机功能时,转动转盘并短按一次,可切换所控制的飞行器。

⑭电池舱,遥控器电池装载在内部。

⑮电池舱开关,向下拨动可打开电池舱盖。

⑯C2 键,规划航点飞行作业时,按下添加航点。在其他模式下,此按键无效。

⑰C1 键,按下切换地图与相机界面的全屏显示。

2.航线规划

打开DJI Phantom4遥控器和飞行器，进入到如下界面，如图8-5所示，并等待遥控器与飞行器连接成功。

图8-5　飞行器操作界面

飞行模式选择。无人机飞行模式分自动和手动两种，“规划”模式为无人机按设定既定航线飞行执行航拍任务；“飞行”模式为手动操作无人机执行航拍任务。选择“规划”模式设定航线的界面如图8-6所示。

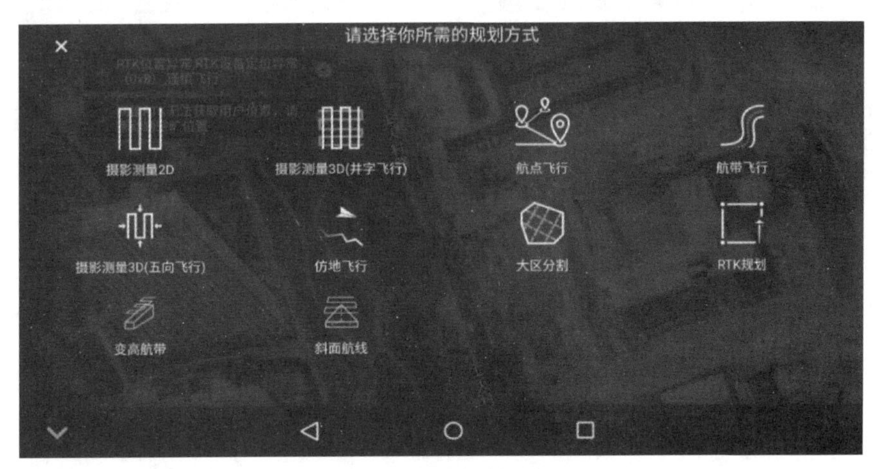

图8-6　航线规划界面

航线规划主要有以下4种方式。

①摄影测量2D:“弓”字形航线，云台俯仰角垂直向下，沿航线拍摄照片。

②摄影测量3D:“井”字形飞行，云台俯仰角倾斜向下，沿正交的两个方向分别执行“弓”字形飞行任务。

③航点飞行:按照所选的航点执行定点拍照任务。

④航带飞行:按照所规划的无规则航带飞行执行航拍任务。

其他的方式是在此4种基础上的延伸。若飞行任务是二维建模(正射影像)，则选择摄影测量 2D;若飞行任务是三维建模,则选择摄影测量 3D(“井”字形飞行)。

在地图上点击,即可根据飞行区域的边角点创建航拍任务范围,并自动生成航线,如图 8-7 所示。屏幕上紫色点为航迹边角点,连接紫色点的白线为测区范围。按住紫色点并移动该点,可调整任务范围线大小,航线随之改变。可点击地图上的某个点以增加边角点,也可选中某个点删除;黄线为自动生成的航线;蓝色点为遥控器所在位置,也是默认的飞行器返航点;绿色为任务起始点,飞行器将先从返航点起飞,到达航线任务高度后,再飞向任务起始点开始执行任务;中心的黄色小点为飞行终点;右侧黄色大点为调节按钮,可通过按住该按钮并拖动来调节航线的方向。需要注意的是,航测任务范围应尽量设置为规则形状且航线方向应做到“长边长”,即航飞前进方向与航测任务范围的长边平行,这样可以使得任务飞行时间最短,降低能耗。

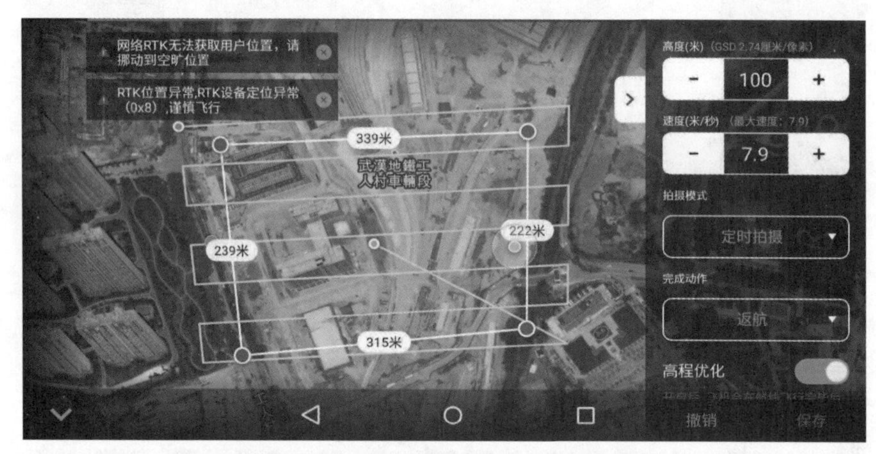

图 8-7　2D 摄影测量航线规划界面

对于任务范围相对较大或者形状不规则,且不便于在遥控器上手动划定航测范围线的任务,还可通过导入 KML 格式的面文件来规划航线。航测范围可以在第三方软件中测量完成,导出为 KML 格式,存至 Phantom4 遥控器的内存卡中,调入遥控器即可。

3. 飞行任务设置

设置好航线以后则需要对此次飞行任务进行必要的参数设置,设置界面如图 8-8 所示。

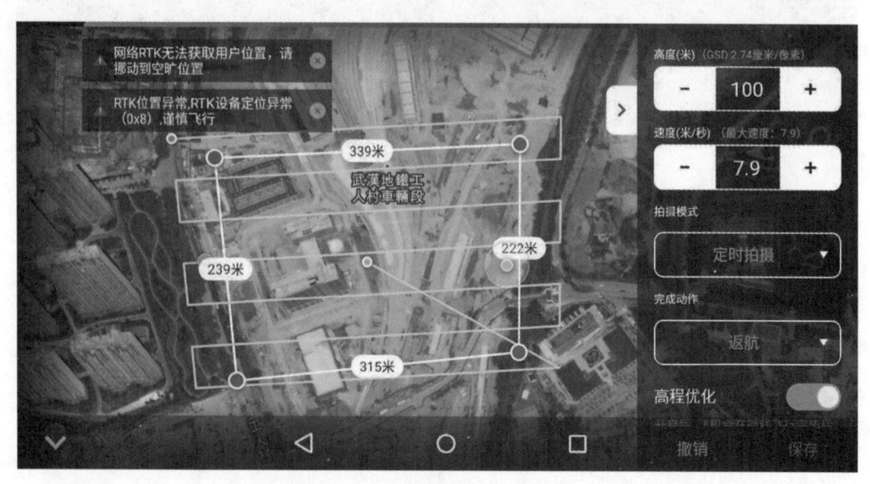

图 8-8　飞行任务参数设置

①高度(m):飞行器执行任务的飞行高度,在高度后面显示的绿色字样 GSD(ground sampling distance)也就是地面采样间距,调整高度,GSD 数值会随之变化,一般调整高度使得 GSD 保持在 2.5cm/像素以下能获得最佳的模型精度。

②速度(m/s):飞行器执行任务时的平均飞行速度,飞行速度在(6～9)m/s 之间为最佳,速度不宜过快,否则可能导致飞行器不稳定,拍摄的照片模糊。

③拍摄模式:分为定距拍摄和定时拍摄,若飞行器飞行速度变化不大,较为平稳时,一般选择为默认的定时拍摄。

④完成动作:表示任务结束后飞行器自动返航至返航点,默认为返航无需改变。

⑤高程优化:飞行器完成"弓"字形航线后自动飞回到范围线中心点(屏幕上中心小黄点所示)采集一张照片用于优化高程精度,一般建议关闭。

⑥任务相对高度(m):即起飞点相对起飞点的高度。设置任务高度为 100m,如果现站在 50m 高的楼顶起飞,则飞行器将从楼顶继续上升 100m 高后开始执行任务,此时飞行器相对地面的高度为 150m。

⑦相机设置默认参数,不建议改变。

⑧重叠率设置,一般采用默认参数。

降低重叠率可以减少作业时间,但重叠率不够则会导致模型产生空缺,建议二维建模设置旁向重叠率 60%、纵向重叠率 70%;三维建模设置旁向重叠率 70%、纵向重叠率 80%。设置好后点击最下方的"保存",并将此次任务命名为"flight1"。

4. 飞行器设置

任务设置完成后则需要对飞行器进行设置,如图 8-9 所示,飞行器设置需注意以下几点,其他保持默认即可。

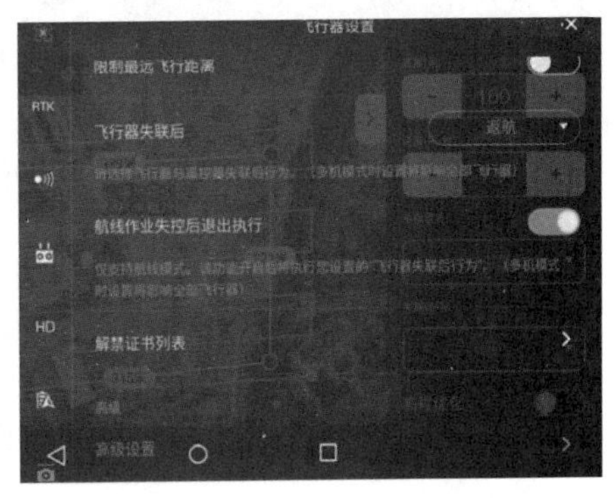

图 8-9 飞行器设置和高级设置界面

①飞行前,需要将遥控器左上角的 PAF 档位开关拨至 P 档(GPS 模式)飞行。

②返航高度与任务飞行高度一致:由于飞行器触发返航后将调整上升高度至返航高度后再返航,基于能耗、安全等多方面考虑,建议将返航高度设置为任务高度。

③顶上信息提示红色:表明起飞点附近有大型铁制品或地下金属埋藏物干扰磁场,需更换起飞点,待校准指南针即可,点击最下方的"高级设置"。

④“指南针校准”，按提示校准即可，设置界面如图 8-10 所示。

⑤飞行器 RTK 定位开启，以获得厘米级高精度定位，设置如图 8-11 左图所示。

⑥视觉避障系统必须开启，以免在视距外飞行时碰到障碍物，设置如图 8-11 所示。

一切准备就绪后，即可调用任务开始航测作业。点击“调用—执行”，飞行器开始升空作业。

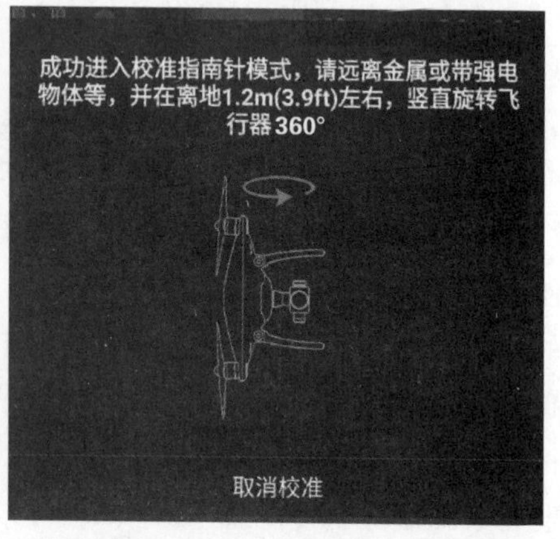

图 8-10　指南针校准界面

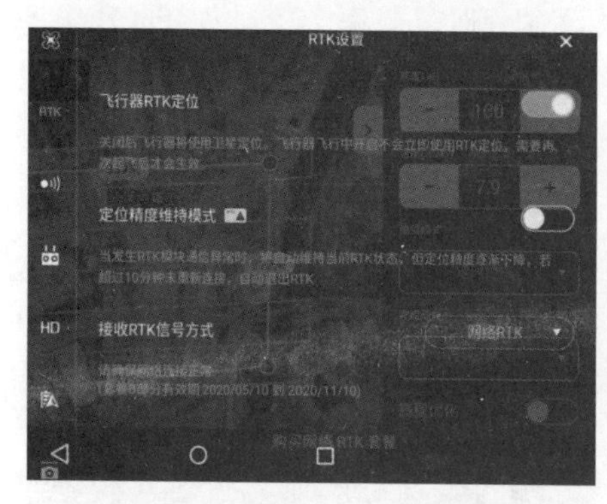

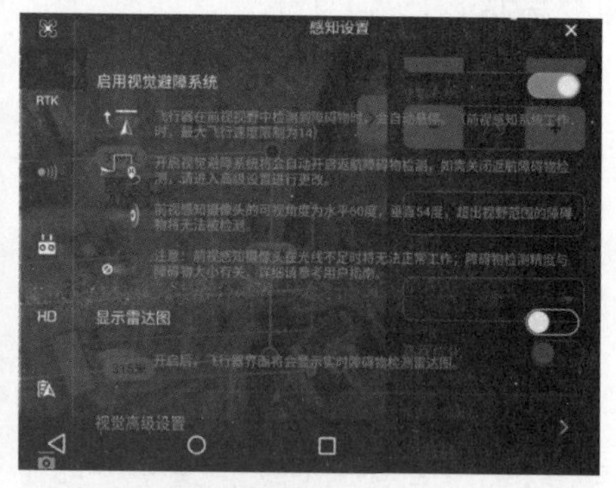

图 8-11　飞行器 RTK 定位与视觉避障系统启用界面

5. 无人机像控点测量

1）像控点布设

（1）若条件允许，建议在飞行前布设；若条件不允许，也可以在飞行结束后布设。

（2）1 个加密区至少应布置 4 个像控点（建议 $1km^2$ 至少布置 5 个像控点）。

（3）区域网大小应根据航摄飞行情况、地形情况、计算机运算能力等条件综合划分，区域网之间的像控制点应尽量选择在上、下航线重叠部分的中间，相邻区域网尽量共用像控点。

（4）采用周边布点法布设像控制点，控制点应均匀分布在整个加密区。

2）像控点判刺

（1）像控点应选择刺于影像清晰、易于判别的位置，如交角良好的细小线状地物的交点、明显地物拐角点等，同时应位于高程变化较小的地方，易于准确定位和量测。

(2)像控点采用统一编号，平高像片控制点冠以“P”开头，流水编号如 P001……

3)像控点联测

(1)基于 JSCORS 网络 RTK 作业方式联测像控点坐标时，应使用似大地水准面数据直接求定像控点高程。

(2)利用 GNSS 网络 RTK 作业模式进行像控测量时，应联测测区内的高等级控制点，以提高成果的可靠性。

(3)GNSS 网络 RTK 作业时应遵循以下要求。

①卫星截止高度角 15°。

②观测可用卫星个数≥5，PDOP 值≤6。

③RTK 观测前设置平面收敛阈值≤2cm、垂直收敛阈值≤3cm；观测次数≥2。

④采用三角支架对中整平，每次观测历元数应不少于 10 个。

⑤各次测量的平面坐标较差≤2cm，高程较差≤3cm，最终成果取各次结果中数。

(4)像控点联测后的坐标应及时展点检查，防止粗差，确保空三加密顺利进行。

6. 其他操作

(1)更改返航点位置。如图 8-12 所示，若返航起始点 *B* 离起飞点 *A* 较远，则可更换返航点至 *B* 点。在飞行器设置的基础飞行设置中设置返航位置，表示以飞行器当前位置为返航点，表示以遥控器所在位置为返航点，现场根据实际情况选择返航点，点击并确认即可。

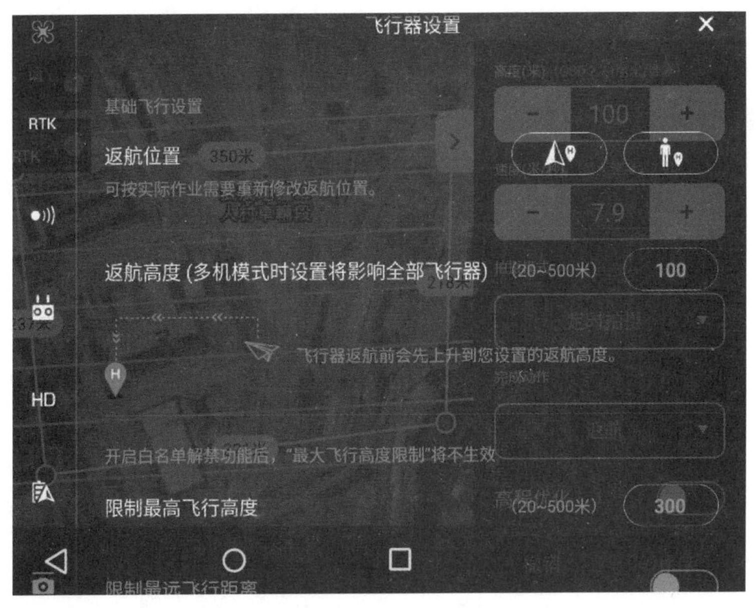

图 8-12　更改返航点位置操作界面

(2)飞行过程中，短按＋长按 H 键(一键返航)可暂停当前任务立即返航。

(3)在飞行中，倘若发现前方有障碍物，需暂停任务，或者切换成手动飞行，可拨动遥控器左上角的 PAF 档位开关。该档位除了切换飞行器的飞行模式外，在实际飞行过程中可以作为刹车使用，当拨动开关时飞行器会悬停，此时可以进行手动操控。注意：将开关拨动后必须将开关归位，即拨回 P 档。

五、注意事项

(1)使用无人机要注意安全，切不可靠近螺旋桨位置，以免造成人员伤害。

(2)无人机启动前，一定要注意避开人和物体，以免发生意外。

(3)无人机在使用过程中，遇到安装、拆卸不顺利时，根据操作说明来操作。

(4)外业航空摄影前宜至当地相关部门进行报备。

(5)飞行应在确保安全的前提下进行，必须充分了解周边建筑高度情况及是否为禁飞区。

(6)必须由专业人员操控，应做好航飞前安全检查、试飞及飞行过程中的监视工作。

(7)降场地宜选取在人流量较少、场地较空旷处。

六、思考题

(1)无人机由哪几部分组成？各组成部分的作用分别是什么？

(2)航高如何计算？

(3)航线如何规划？

(4)倾斜摄影的航向重叠度和旁向重叠度要求多少合适？

(5)无人机起飞有哪些准备工作？

(6)像控点的布设有何要求？

实验二　无人机数据内业处理

一、目的和要求

(1)了解无人机数据内业处理的基本流程。

(2)掌握空三处理的参数设置和精度控制。

(3)学会无人机数据产品的加工和输出。

(4)练习无人机后处理软件。

二、仪器和工具

摄影测量工作站、无人机飞行数据、Smart3DCapture。

三、实验内容

(1)学习无人机数据处理的步骤和流程。

(2)练习空三处理软件的操作流程。

(3)练习无人机数据产品的质量控制与输出。

四、实验方法与步骤

Smart3D是一款高自动化、高效的三维建模软件，主要功能包括Master、Setting、Engine和Viewer四个模块，各模块的功能如下所述。

(1)Master是任务的管理模块，用于创建任务、管理任务、监视任务的工作。

(2)Setting是设置模块，用于设置Engine任务的路径，软件第一次打开时会提示设置路径。

(3)Engine是引擎端，负责处理Job Queue中的任务，可独立于Master运行或关闭。

(4)Viewer是预览模块，用于浏览三维场景和模型，可对模型的属性进行查阅。

1. 工程建立

首先打开Engine，然后再打开Master模块，首次打开该模块后，会弹出对话框，设置引擎路径，即Job Queue，路径设置完成后，就可以建立工程了。建立工程，加载影像(以及pos数据)，建立工程有两种方式：New Block和Import Blocks。

新建工程、导入照片。

打开软件Smart3DCapture Master，新建一个工程(Project)，在新建工程内新建一个块(Block)，如图8-13所示。

打开Master模块，在弹出的对话框中选择“新建工程”，即New project，在弹出的界面中设置工程的名字和保存路径。

设置好路径后，点击“OK”，在空区块中选择Photos菜单，然后点击“Add photos”或“Add entire directory”添加影像。有时软件不能自动识别传感器尺寸(mm)和焦距(mm)，则需要手

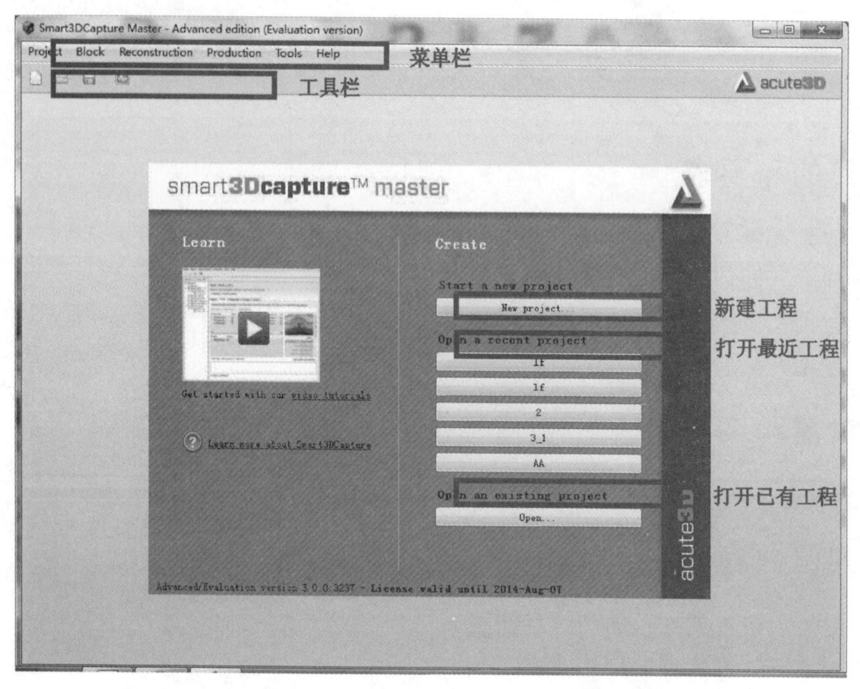

图 8-13　Smart3DCapture 主界面

动添加，如图 8-14 中对应的 Sensor size 和 Focal length。其中 Sensor size＝Pixel size * Image dimension (longer)，Sensor size 指的是传感器大小，单位为 mm，通常由像幅大小和像素大小相乘所得，若像片长宽不等，可使用长边的计算结果在 Photos 菜单加载影像文件（Add photos）或文件夹（Add directory），导入全部照片，设置传感器大小（Sensor size）和焦距（Focal length）等参数，如图 8-14 所示。

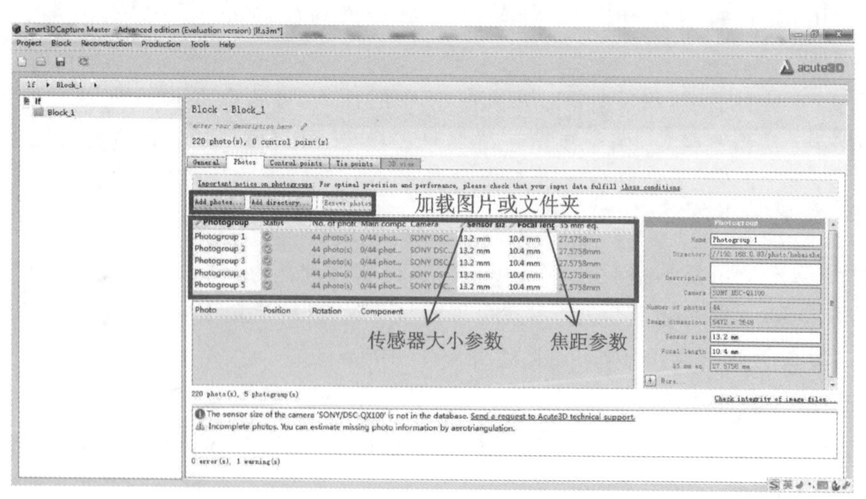

图 8-14　导入影像及相机参数

2. 像控点与控制点编辑

选择“Control Points Editor”菜单编辑控制点，在控制点的编辑过程中，先选择成果所需的空间参考，输入控制点信息，并在每个控制点下添加对应的影像，并标志控制点所在具体位置，保存控制点信息。

建议在空三加密之后刺控制点，这样就可以通过同名点约束来匹配得出控制点所在的刺点片，达到快速刺点的目的。需要注意：在导入控制点前，要先设置好控制点的坐标系，否则导入的控制点坐标的数值并非原始值。

控制点可以在导入块时批量导入 Excel 文件，也可以在图 8-15 界面手动导入，然后刺点，界面如图 8-15 所示。

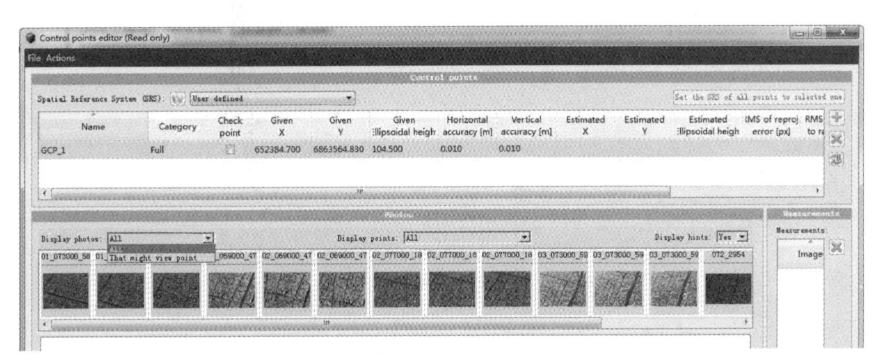

图 8-15　控制点编辑界面

刺点时常用的按键有："＋""－"或 Ctrl＋滚轮可以对影像进行放大缩小，Shift＋鼠标左键可以刺点。添加连接点和控制点的操作类似，这里不再叙述。

添加控制点的步骤如下。

(1)选择空间坐标系：在坐标系设置框中选择控制点坐标系，如图 8-16 所示。

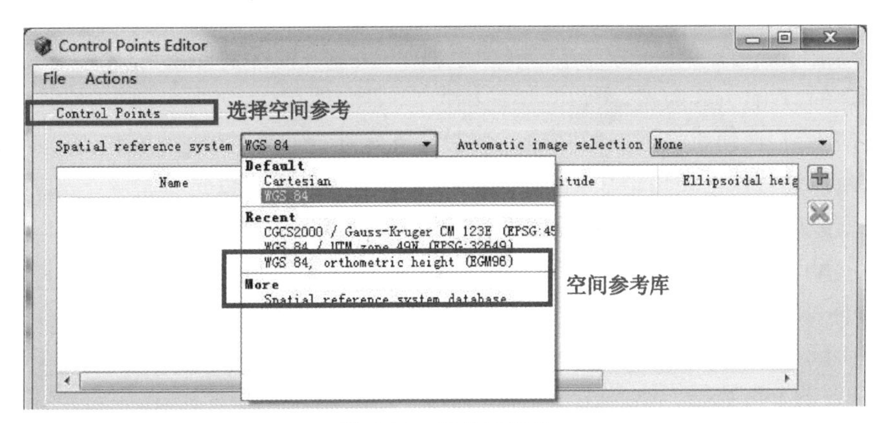

图 8-16　编辑控制点

(2)添加新的控制点：点击✚，在已选择的坐标系下创建一个新的控制点。

(3)输入控制点的空间坐标：在相应的列中输入控制点的坐标，注意每列对应的坐标轴和单位。

(4)输入影像测量点：点击“输入影像测量点”，影像测量编辑器将被打开。

在影像测量编辑器中，从左边影像列表中选中需要添加测量点的影像，找到控制点对应的位置，按住 Shift 键＋鼠标左键设定影像测量点的位置，点击“确认”完成对本影像测量点的添加，影像测量编辑器会同时关闭。点击“开始”，再次开始输入一个新的测量点，重复上述步骤，可以增加任意多个影像测量点。

注意：对于具有精确地理空间坐标的控制点，必须要输入椭球高程，不要输入海拔高程。

3. 空中三角测量

在 General 菜单下提交“空三”(submit aero triangulation)后，弹出“空三”定义窗口，设置块输出名称及位置参考等信息便可提交运行。提交完成后，会自动计算空三，计算过程中不能进行任何操作，如图 8-17 所示。

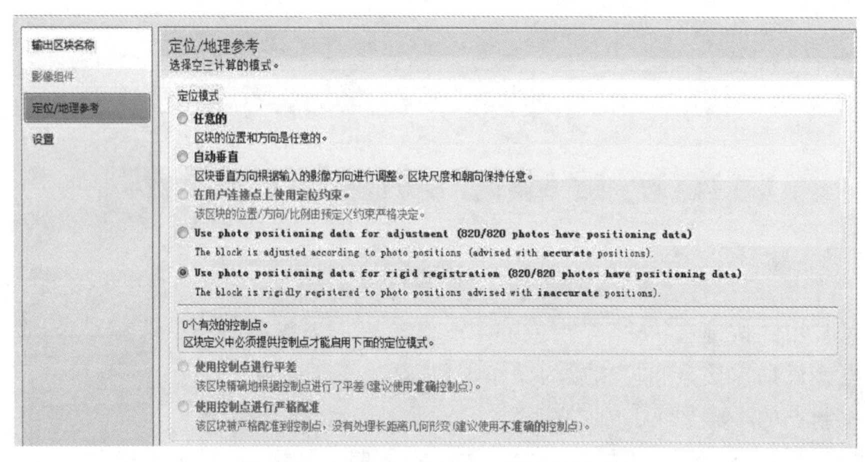

图 8-17　定位/地理参考参数设置界面

几种 Positioning/georeferencing(定位/地理参考)参数的区别如下。

(1)任意的：没有 pos 数据，类似于快速拼接，不推荐使用。

(2)自动垂直：区块垂直方向根据输入的影像方向进行调整，区块尺度和朝向保持任意。

(3)在用户连接点上使用定位约束：如果加了连接点就是可以选择的了。前提是连接点位置精确，误差较小，可以通过连接点约束像点，解决像点因不同架次高度不同的分层问题。

(4)Use photo positioning data for adjustment：一般用于 pos 点精度较高的影像，如大飞机获得的 pos 数据。

(5)Use photo positioning data for rigid registration：一般用于 pos 点精度不高的影像，如无人机获得的 pos 数据。

(6)使用控制点进行平差：根据控制点平差(建议控制点准确时使用)，一般用于大飞机飞行的数据。

(7)使用控制点进行严格配准：该区块被严格配准到控制点，一般用于处理长距离几何变形(建议使用准确的控制点)，起到强制平差的作用，如控制点和 pos 坐标系不一致，通过平差会将 pos 坐标强制到控制点下，一般用于无人机数据处理。

一些需要注意的设置参数(settings)如图 8-18 所示。

(1)影像组件构造模式：有控制点参与计算空三时，选择 multi-pass(多通道)；只有照片数据，用不到控制点时，选择 one-pass(单通道)；街景和空三融合也选择多通道模式，一般多通道模式运用较多。

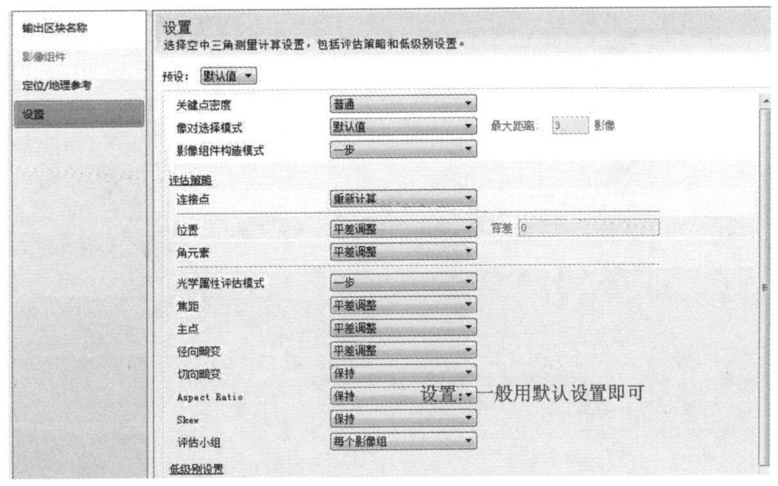

图 8-18　“空三”设置界面

(2)像对选择模式：一般使用默认值就可以，如果是沙漠、戈壁滩、水域等纹理较少的地方，此模式对内存消耗大，一般不使用。

(3)序列模式和循环模式：序列模式按顺序不绕回来；循环模式会绕一圈绕回来，两种都特别适合长条形的测区，如街道等，对于纹理形状相似的影像，选择这两种，然后最大距离选择影像数量，可以减少错误的匹配点，提高匹配效率重叠度 80%，一般选择 4～5 张影像。

(4)评估小组：如果影像来源不明，匹配结果比较乱，就使用每幅影像，此时会将每幅影像当作一个影像组，一般默认使用一个影像组就可以。

运行结束后，可通过 3D View 菜单查看形成的“空三”关系模型的相关结果(包括相机曝光点的位置信息等)，如图 8-19～图 8-21 所示。

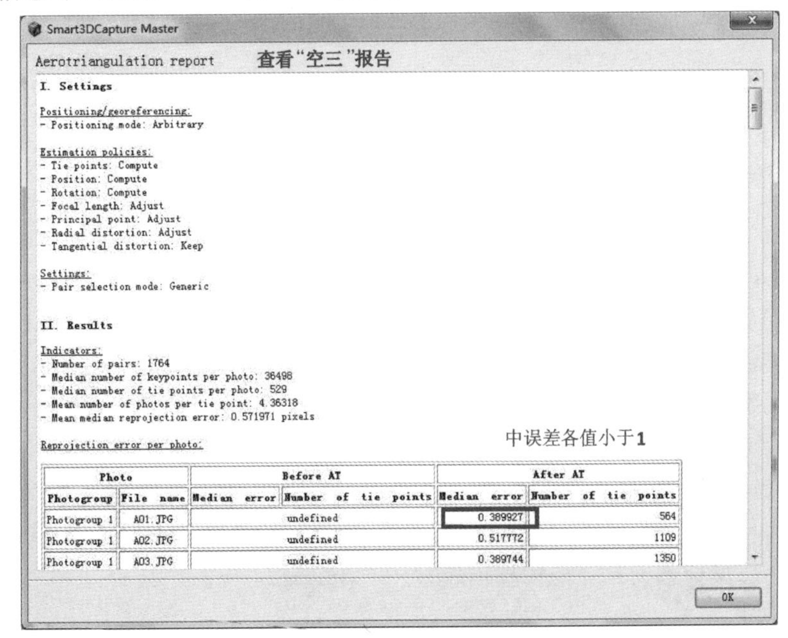
Smart3DCapture Master

Aerotriangulation report　查看“空三”报告

I. Settings

Positioning/georeferencing:
- Positioning mode: Arbitrary

Estimation policies:
- Tie points: Compute
- Position: Compute
- Rotation: Compute
- Focal length: Adjust
- Principal point: Adjust
- Radial distortion: Adjust
- Tangential distortion: Keep

Settings:
- Pair selection mode: Generic

II. Results

Indicators:
- Number of pairs: 1764
- Median number of keypoints per photo: 36498
- Median number of tie points per photo: 529
- Mean number of photos per tie point: 4.36318
- Mean median reprojection error: 0.571971 pixels

Reprojection error per photo:　中误差各值小于1

Photo		Before AT		After AT	
Photogroup	File name	Median error	Number of tie points	Median error	Number of tie points
Photogroup 1	A01.JPG		undefined	0.389927	564
Photogroup 1	A02.JPG		undefined	0.517772	1109
Photogroup 1	A03.JPG		undefined	0.389744	1350

OK

图 8-19　查看“空三”报告

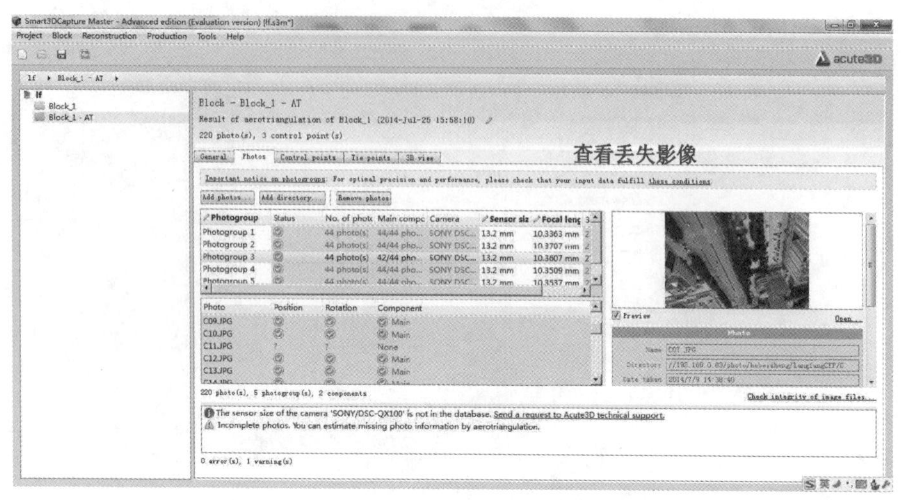

图 8-20 查看未参与“空三”解算的影像

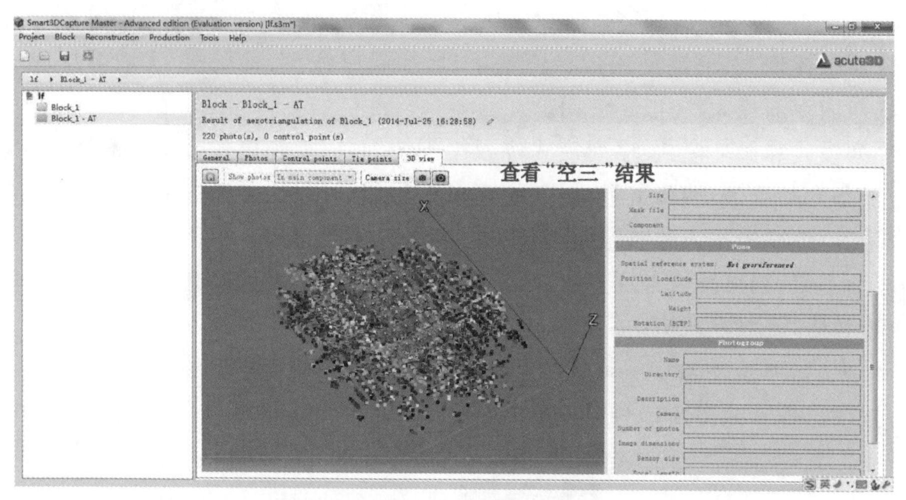

图 8-21 查看“空三”稀疏匹配结果

4. 计算三维模型/提交重建任务

在完成“空三”加密之后，得到一个新区块，并且每张影像具有了精确的内外方位元素，可以在 3D View 下查看加密成果，如有必要也可以添加连接点，点击“Aerotriangulation report”后的“View”或“Open”来查看连接点和控制点的误差。“空三”关系模型查看无明显错误后，可计算三维模型/提交重建任务(Submit new production)，其参数设置如图 8-22 所示。

(1)空间框架参数设置(Spatial framework)。

(2)空间参考系统(Spatial reference system)设置与控制点空间参考一致。

(3)任务区域范围设置。

(4)划分瓦片(Tiling)，模式(Mode)一般选择规则平面方格(Regular planar grid)划分瓦片，瓦片的大小要保证最大瓦片的纹理不超过 100Mpixls。

图 8-22　构建三维模型参数设置

点击“Spatial framework”后，在上图界面中，可以设置输出模型的大小范围，可以通过坐标输入，也可以通过“Import from KML”来导入，导入的范围可以在谷歌地球或者 LocaSpace 中画出来，另存为“ *. kml”即可。上图界面中也可以设置坐标系统，由于生成的模型可以投影到任意坐标系统，此处默认是 WGS-84 坐标系统。其余参数默认即可。当影像数量较多时，会输出大量瓦片，改变“Tile size”可以增减输出瓦片的数量，一般默认即可，如果数据量大，可以集群处理。瓦片大小的设置如图 8-23 所示，主要设置参数如下。

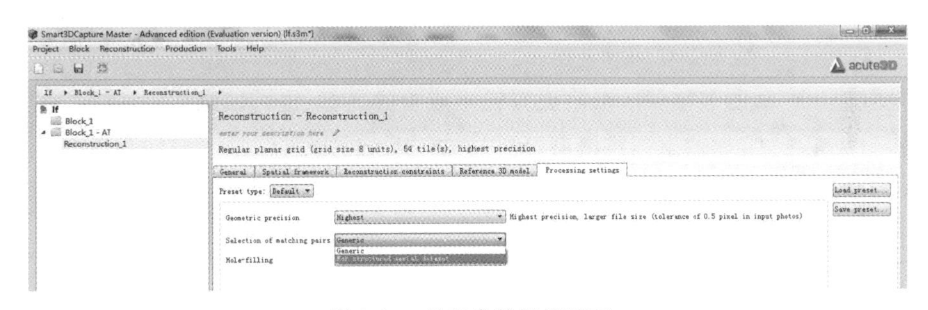

图 8-23　处理参数设置界面

(1)在生成的 Reconstruction 中，点击“Spatial framework”选项页面，通过设置“Bounding box”来限定重建范围。

(2)在“Tiling”选项下，将“Mode”配置成 Regular planar grid。

(3)同时，为“Options”配置合适的“Tile Size”，用户可以根据软件给出的建议值，设置“Tile size”，来确定合适的输出瓦片大小，瓦片大小一般设置为电脑内存的一半，比如电脑内存为 32G，瓦片大小为 16G 左右较好。

(4)Geometric precision：一般选择 Medium(2 个像素)即可。

(5)Hole filling：Fill small holes only(补小洞)，一般填补模型中的小洞，选择此项。

(6)Resolution limit：填“0”是对分辨率没限制，这是设置输出分辨率的。

(7)Selection of matching pairs：城区航空数据选择“For structured aerial dataset”选项，通常选择 Generic。

参数设置完毕后，点击“Submit new production”(提交创建产品)，可生产“. s3c”“. ogbs”等格式的三维模型产品，输出参数设置如图 8-24 所示。

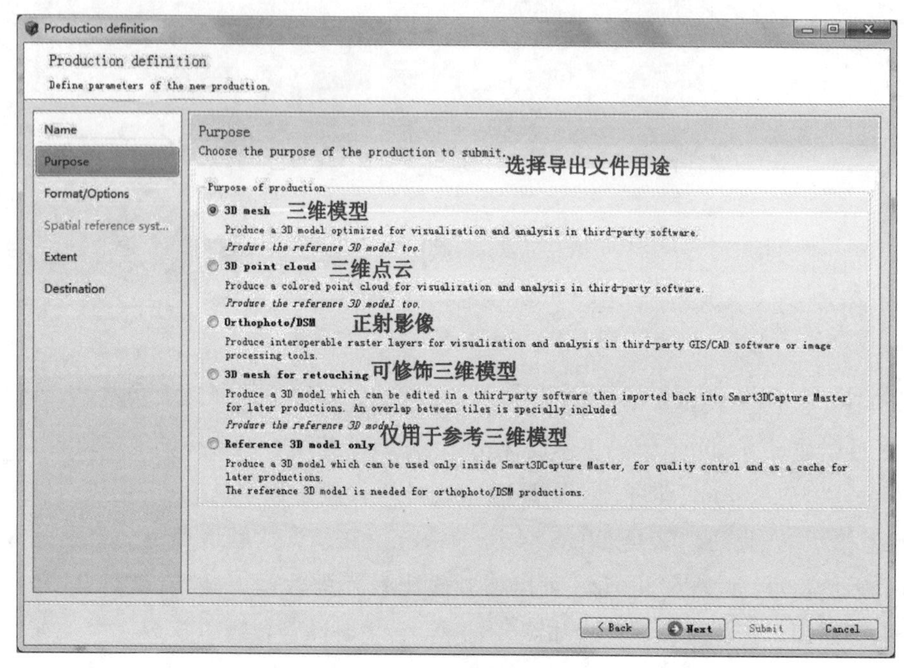

图 8-24　产品设置

(1)设置输出产品的名称(Name)：设置输出成果的名称，也可以默认。

(2)输出成果形式：如输出三维模型，可以选择 3D mesh。

A. 3D mesh 三维场景中的一些格式说明。

B. 3D point cloud：三维点云 LAS。

C. Orthophoto/DSM：正射影像及相应 DSM 成果。

DOM 成果必须依赖“reference3D model”，所有成果中，除第四项“retouching”外，其他所有结果均能产生“reference3D model”。因此若欲生成 DOM，必须先生成其他 3 种成果中任意一种，再生成 DOM。

D. 3D mesh for retouching：三维场景重构 OBJ。

以上生成的 3D mesh，若其中 OBJ 在第三方编辑完成，可通过 retouching 导回重建。

E. Reference 3D model only：三维模型参考。

(3)在“Format/Options”选项下，选择相应的模型格式，然后保持其他选项默认。注意：根据自己的需求选择，每种数据是单独一个过程生成的。

(4)后续选项保持默认，点击“Submit”，然后打开引擎，则开始任务。

查看三维模型重建结果，如图 8-25 所示。

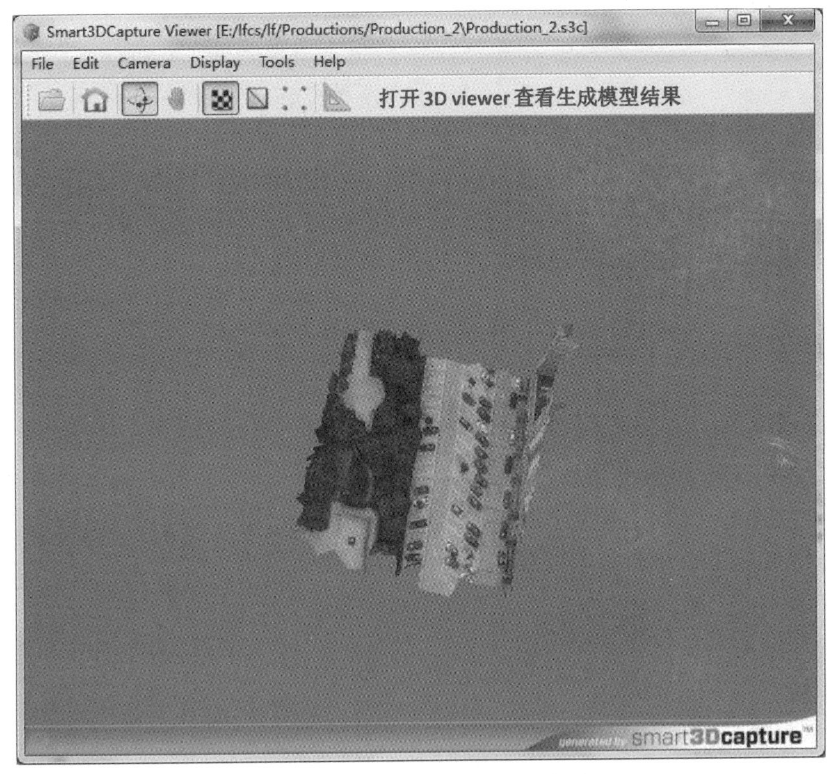

图 8-25　查看三维模型重建结果

五、注意事项

(1)三维模型是根据倾斜影像匹配确定体块构模而成，地形、建筑物等模型一体化表示，模型的纹理以获取的航空影像表现。建筑物三维体块模型应完整，位置应准确且具有现实性，应与获取的航空影像表现一致。

(2)当区域内建筑物较为密集或建筑物较高，存在相互遮挡时，则无法获取遮挡部分建筑物的侧视纹理，相应的模型无法表现其全部的细节，允许出现些许的拉伸变形。

(3)建筑物模型的高度与平面尺寸应与实际保持一致的比例，建筑物模型高度误差不超过10%，并且完成的三维图像能够清晰地分辨重点装置情况。

六、思考题

(1)空中三角测量的原理是什么？

(2)若“空三”精度不理想，存在错误匹配的情况时应如何调整？

(3)如何查看“空三”精度报告，发现其中存在的问题？

(4)如何修复水体等匹配不成功区域的模型？

第九章　三维激光扫描课间实验

实验一　三维激光扫描的外业测量

一、目的和要求

(1)了解 RIEGL VZ400 激光扫描仪的部件及其基本工作原理。

(2)掌握激光扫描数据采集的流程。

(3)练习激光点云数据获取。

(4)掌握三维激光扫描仪的使用和操作。

二、仪器和工具

RIEGL VZ400 激光扫描仪、脚架、电瓶、笔记本电脑。

三、实验内容

(1)认识 RIEGL VZ400 激光扫描仪的构造和各操作部件的名称、作用和操作方法。

(2)练习激光扫描仪的架站、标靶反射片的安置、扫描仪的连接。

(3)练习扫描仪采集参数的设置和 RiScanPro 的基本参数设置。

(4)练习 Riscan Pro 建立工程,扫描站点数据。

四、实验方法与步骤

1. 安置仪器

选择合适的位置架设激光扫描仪,正确连接激光扫描仪的电源、与计算机的连接等操作。

2. 认识仪器

了解激光扫描仪各部件的名称和作用,并熟悉控制界面的参数设置。

3. 扫描仪与计算机的连接

扫描开始前需要确保扫描仪与其搭配的笔记本电脑已连接上。通过 TCP/IP 设置项,修改本机 IP 地址使其与扫描仪 IP 地址在同一网段。注意：电脑 IP 与扫描仪自身 IP 不在同一网段则扫描仪无法工作。

4. 新建工程

新建工程如图 9-1 所示。

(1)打开 Riscan Pro 软件，在工具栏“Project”下新建一个工程文件，选择文件存放位置保存。

(2)双击新建的工程名，点击“Instrument”在“Scanner name or IP”一栏输入扫描仪 IP 地址。

(3)在“Camera model”下选择相机型号，点击“OK”。

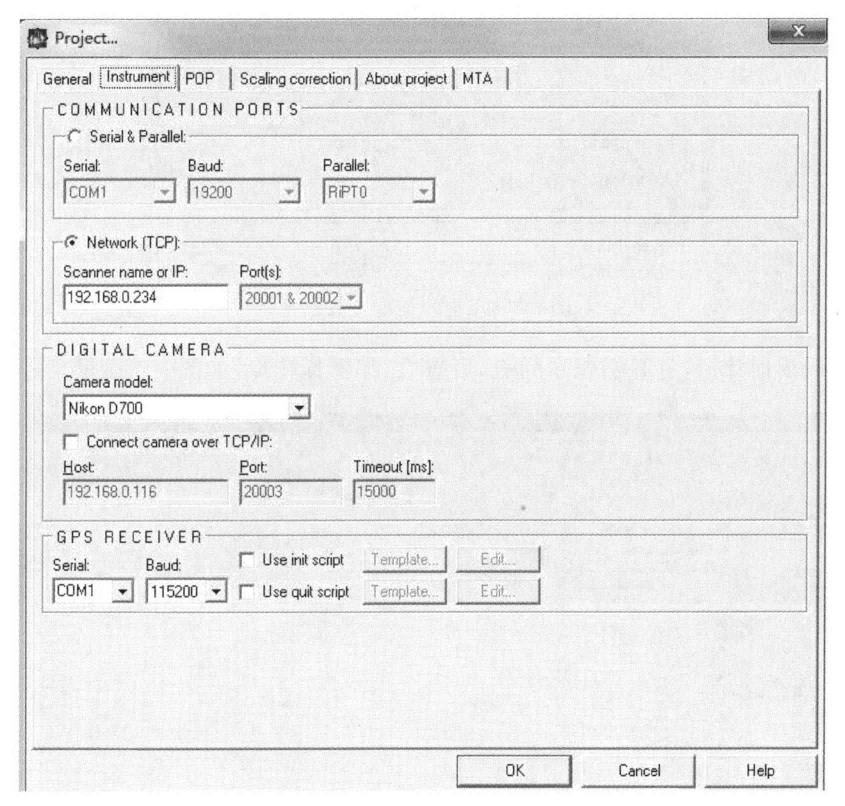

图 9-1　新建工程界面

5. 相机参数调整

(1)均匀粘贴一定数量的反射片，然后对贴有反射片的区域进行扫描获取数据。

(2)查找反射片。主菜单选择“find reflectors”，根据反射片直径搜索反射片，如图 9-2 所示。

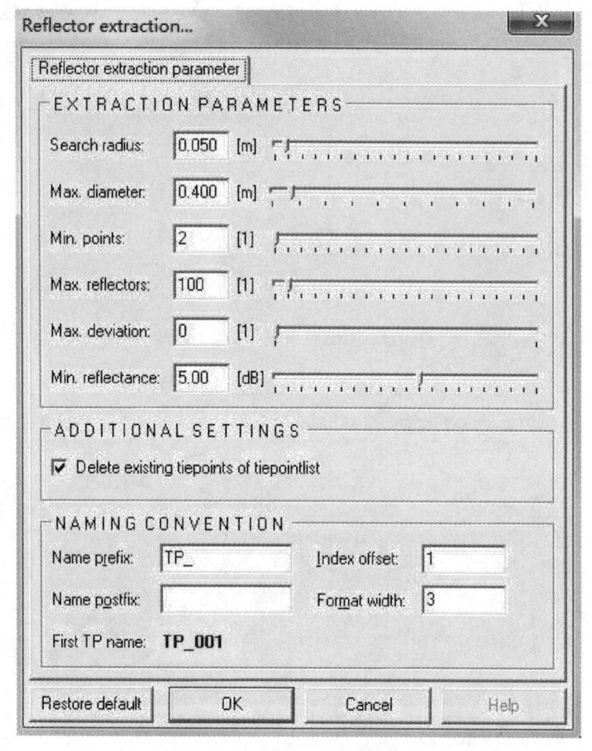

图 9-2　反射片提取参数设置

自动提取反射片后，打开标靶点列表，可查看、编辑标靶点，如图 9-3 所示。

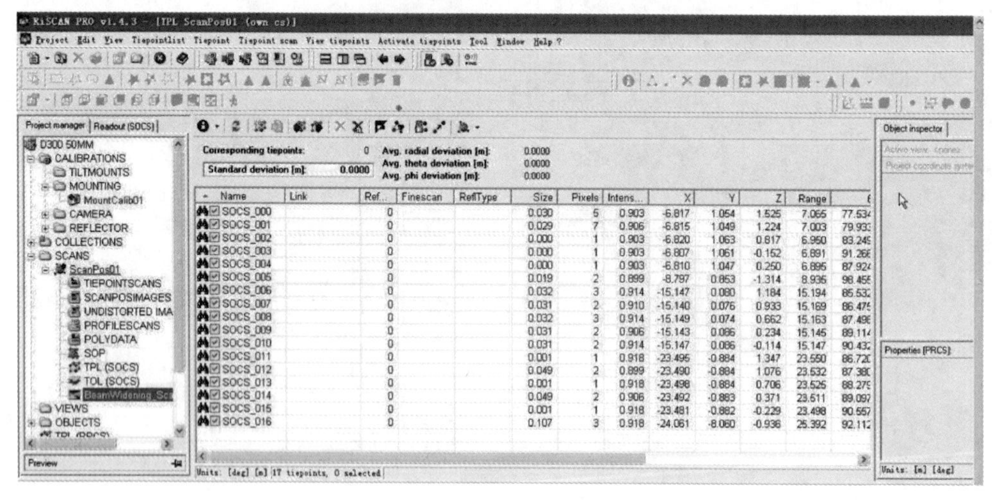

图 9-3　标靶点列表

(3)删除错误标靶点。把扫描数据拖入 2D 视图窗口下显示，如图 9-4 所示，按住"Shift"键，点击鼠标左键选中实际反射片位置，若选中，则反射片显示为红色：根据位置判断反射片的真实性，删除错误提取的反射片位置。

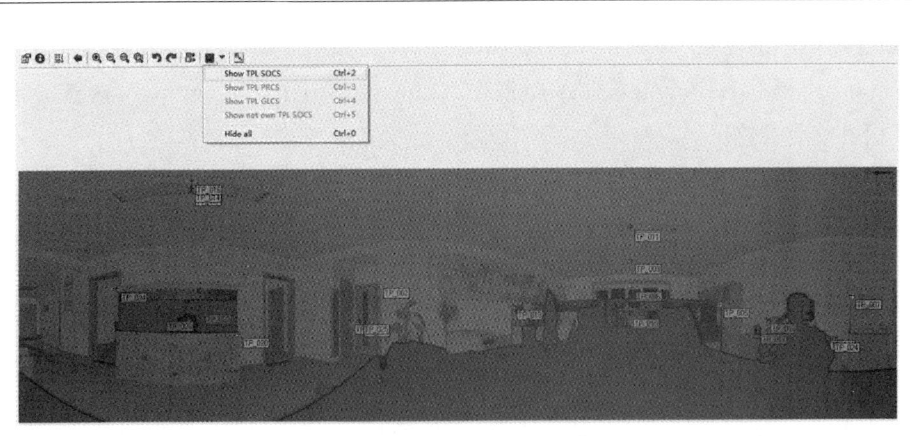

图 9-4　2D 视图下标靶点显示

删除标靶点，也可以在标靶点列表中选中删除，如图 9-5 所示。

Corresponding tiepoints: 0　Avg. radial deviation [m]: 0.0000
Standard deviation [m]: 0.0000　Avg. theta deviation [m]: 0.0000
Avg. phi deviation [m]: 0.0000

Name	Link	Ref...	Finescan	RefIType	Size	Points	Ampl...	Reflec...	X	Y	Z	Range	θ	φ	ΔX	ΔY	ΔZ	ΔR	Δθ	Δφ
TP_001		0			[illegible]	[illegible]	[illegible]	[illegible]	[illegible]	[illegible]	[illegible]	[illegible]	[illegible]	[illegible]	[illegible]	[illegible]	[illegible]	[illegible]	[illegible]	[illegible]
TP_002		0			[illegible]	[illegible]	[illegible]	[illegible]	[illegible]	[illegible]	[illegible]	[illegible]	[illegible]	[illegible]	[illegible]	[illegible]	[illegible]	[illegible]	[illegible]	[illegible]
TP_003		0			[illegible]	[illegible]	[illegible]	[illegible]	[illegible]	[illegible]	[illegible]	[illegible]	[illegible]	[illegible]	[illegible]	[illegible]	[illegible]	[illegible]	[illegible]	[illegible]
TP_004		0			[illegible]	[illegible]	[illegible]	[illegible]	[illegible]	[illegible]	[illegible]	[illegible]	[illegible]	[illegible]	[illegible]	[illegible]	[illegible]	[illegible]	[illegible]	[illegible]
TP_005		0			[illegible]	[illegible]	[illegible]	[illegible]	[illegible]	[illegible]	[illegible]	[illegible]	[illegible]	[illegible]	[illegible]	[illegible]	[illegible]	[illegible]	[illegible]	[illegible]
TP_006		0			0.076	22	50.475	10.44	-2.433	-6.349	1.480	6.958	77.719	249.028	0.000	0.000	0.000	0.000	0.000	0.000
TP_007		0			0.009	7	48.399	11.42	0.413	1.091	1.456	1.865	38.697	69.281	0.000	0.000	0.000	0.000	0.000	0.000
TP_008		0			0.012	6	49.250	11.38	-0.693	-1.868	1.484	2.484	53.312	249.637	0.000	0.000	0.000	0.000	0.000	0.000
TP_009		0			0.006	2	51.405	13.55	-1.248	-3.285	1.502	3.822	66.864	249.193	0.000	0.000	0.000	0.000	0.000	0.000
TP_010		0			0.007	4	48.780	13.51	-0.484	-1.331	0.028	1.417	88.852	250.036	0.000	0.000	0.000	0.000	0.000	0.000
TP_011		0			0.013	7	49.379	11.48	-0.716	-1.918	1.484	2.529	54.070	249.538	0.000	0.000	0.000	0.000	0.000	0.000
TP_012		0			0.006	5	47.170	10.27	0.401	1.038	1.457	1.833	37.369	68.890	0.000	0.000	0.000	0.000	0.000	0.000
TP_013		0			0.005	3	49.307	11.34	-2.709	-0.662	-0.033	2.789	90.681	193.741	0.000	0.000	0.000	0.000	0.000	0.000
TP_014		0			0.004	3	45.833	8.90	0.400	1.048	1.469	1.848	37.369	69.088	0.000	0.000	0.000	0.000	0.000	0.000
TP_015		0			[illegible]	[illegible]	[illegible]	[illegible]	[illegible]	[illegible]	[illegible]	[illegible]	[illegible]	[illegible]	[illegible]	[illegible]	[illegible]	[illegible]	[illegible]	[illegible]
TP_016		0			0.108	120	45.526	8.58	0.378	0.980	1.527	1.854	34.514	68.899	0.000	0.000	0.000	0.000	0.000	0.000
TP_017		0			0.085	32	44.523	6.55	-2.649	-0.846	-0.243	2.791	94.986	197.713	0.000	0.000	0.000	0.000	0.000	0.000
TP_018		0			0.007	5	44.972	7.14	-2.379	0.460	-0.321	2.444	97.544	169.052	0.000	0.000	0.000	0.000	0.000	0.000
TP_019		0			0.040	15	44.526	6.63	3.941	0.273	-0.028	3.951	90.406	3.964	0.000	0.000	0.000	0.000	0.000	0.000
TP_020		0			[illegible]	[illegible]	[illegible]	[illegible]	[illegible]	[illegible]	[illegible]	[illegible]	[illegible]	[illegible]	[illegible]	[illegible]	[illegible]	[illegible]	[illegible]	[illegible]
TP_021		0			0.006	2	44.720	6.65	4.289	0.016	-0.098	4.290	91.309	0.212	0.000	0.000	0.000	0.000	0.000	0.000
TP_022		0			0.035	4	47.015	6.93	4.674	10.125	0.783	11.179	85.981	65.221	0.000	0.000	0.000	0.000	0.000	0.000
TP_023		0			0.018	5	45.542	6.14	0.936	5.649	0.127	5.728	88.728	80.590	0.000	0.000	0.000	0.000	0.000	0.000
TP_024		0			0.029	7	43.364	5.56	-2.306	0.520	-0.359	2.391	98.644	167.303	0.000	0.000	0.000	0.000	0.000	0.000
TP_025		0			0.011	3	43.300	5.22	4.302	0.043	-0.019	4.303	90.246	0.578	0.000	0.000	0.000	0.000	0.000	0.000

[Tie point "TP_007"]
Linked tie point: <none>
Referred by: <none>

图 9-5　删除标靶点

(4)反射片二次扫描。如图 9-6 所示，选中提取的反射片列表，“Fine Scanning”精确扫描标靶点。

(5)添加连接点。如图 9-7 所示，在照片视图中找到反射片的中心，点击鼠标左键，右键菜单选择“add point to TPL”。

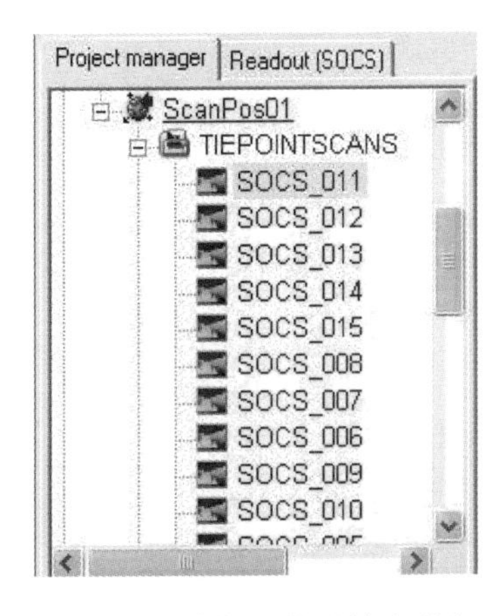

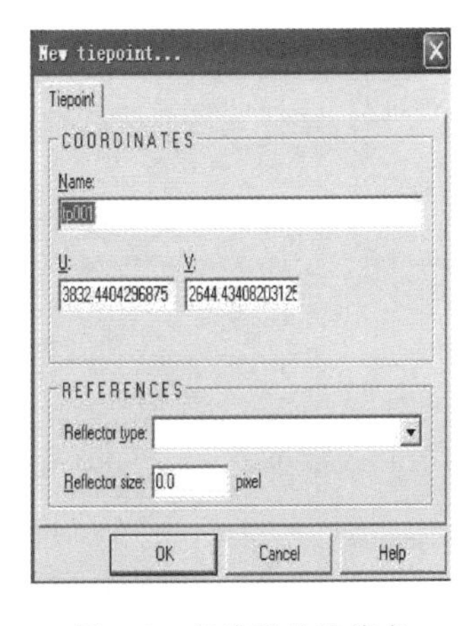

图 9-6　选中提取的反射片列表　　　图 9-7　新建照片连接点

(6)新建相机配准参数“New mounting calibration”。如图 9-8 所示,当所有照片连接点与反射片都连接后,用鼠标右键点击左侧编辑框中“Calibration”下的“Mounting”,选择“New mounting”计算相机校准参数。

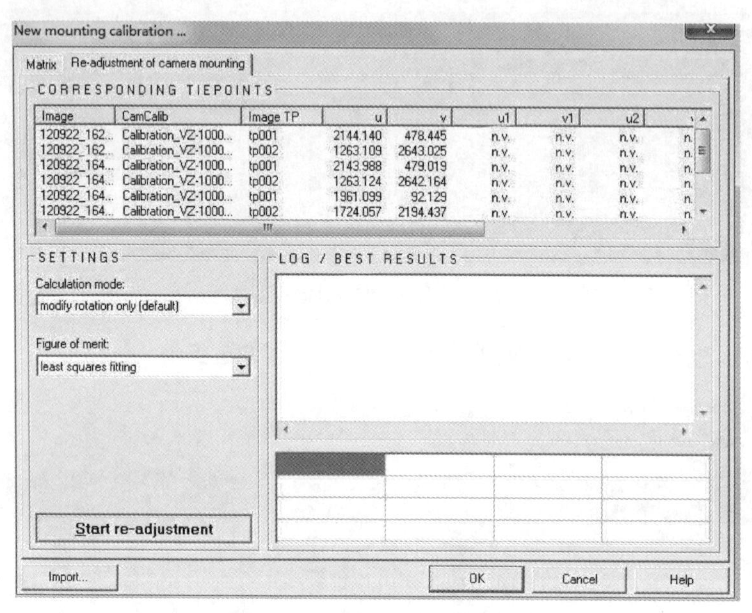

图 9-8 新建相机配准参数

在生成新的 Mounting 后,把调节后的参数值赋给照片,以完成校准。鼠标右键点击“New mounting”,选择“Assign to image”,如图 9-9 所示,在窗口中选择要赋予扫描站数据的照片,点击“OK”完成。

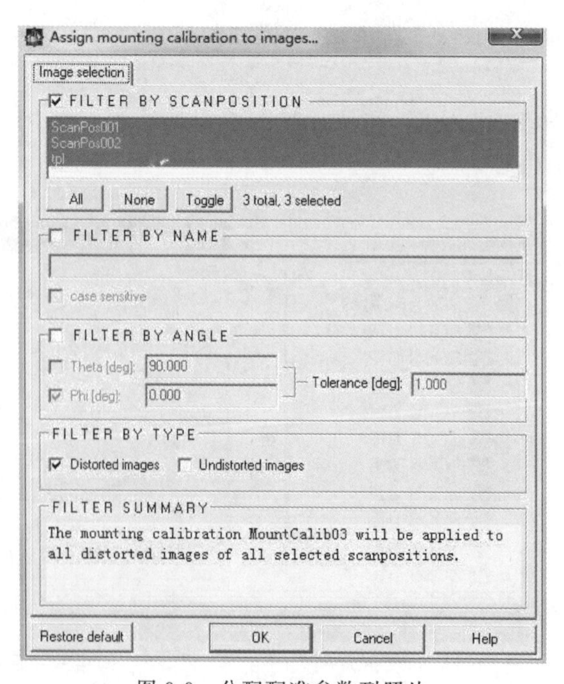

图 9-9 分配配准参数到照片

(7)导出相机参数。如图 9-10 所示,可以导出校准过后的相机参数,无需再进行繁琐的相机校准。

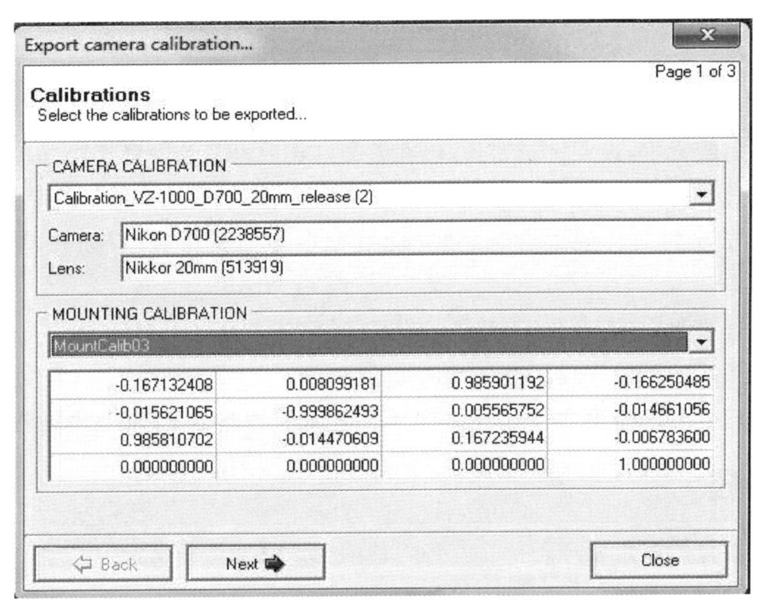

图 9-10　导出相机校准参数

6. 外业数据采集

(1)新建工程。在工具栏 Project 下新建一个工程项目(New→Project)。

(2)建立扫描站。右键单击左侧编辑框中的“SCANS”,选择“New scan position”,如图 9-11 所示。

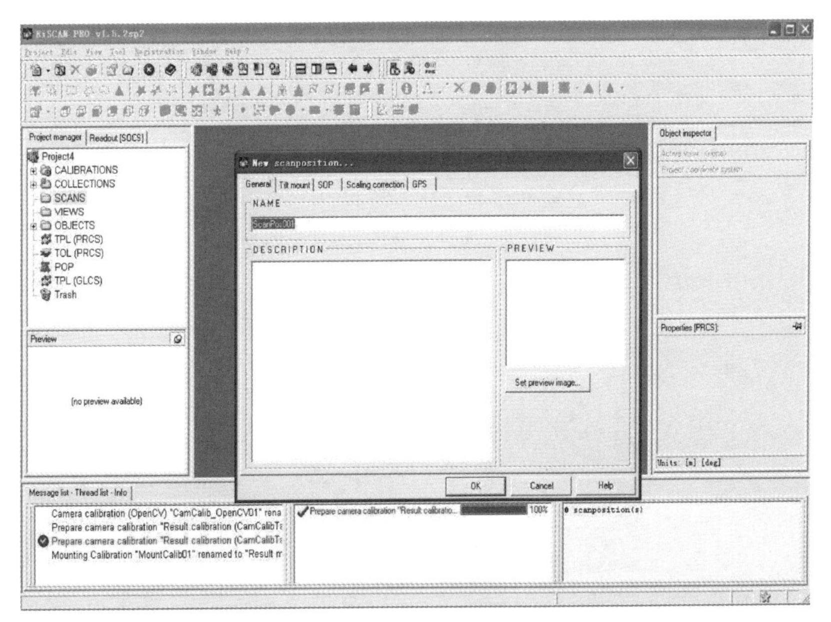

图 9-11　新建测站

(3)其他参数记录。在野外数据采集时,现场一定要记录好其他相关外部参数。比如:当扫描仪架设在控制点上时,要记录扫描仪的高及所架设站点点名,最好绘制一个草图。没有控制点时,需要利用全站仪、RTK 等测量设备获取坐标。

五、注意事项

(1)扫描仪比较贵重,设置比较繁琐,请在教师讲解后再开箱安置仪器。

(2)开箱后先看清仪器放置情况及箱内附件情况,用双手取出仪器并随手关箱。

(3)扫描仪安放到三脚架上后,必须立即旋紧中心连接螺旋,以防仪器从脚架上掉下摔坏。

(4)电源接通过程中,要注意正、负极,以免损坏设备电路。

(5)电缆连接要注意整齐,以免掉线影响数据传输。

(6)实习时应合上仪器箱,以防止灰尘和水汽进入仪器箱。不可踏、坐仪器箱。

六、思考题

(1)激光扫描仪的测距原理是什么?各部件的工作原理是什么?

(2)激光扫描仪是如何完成三维扫描的?

(3)为何要进行相机检校?什么情况下需要做相机检校?

(4)如何调整相机参数以获取颜色饱满的数字照片?

(5)如何设置扫描参数,既保证数据质量,又能节省扫描时间?

实验二　三维激光扫描的内业数据处理

一、目的和要求

(1)了解激光点云数据后处理的基本流程。

(2)掌握 Riscan Pro 进行点云数据后处理的操作。

(3)练习使用 Riscan Pro 生成点云相关产品。

二、仪器和工具

Riscan Pro 软件、计算机电脑、扫描点云数据。

三、实验内容

(1)认识 Riscan Pro 软件的功能组成。

(2)练习点云配准功能。

(3)练习点云赋色功能。

(4)练习去除噪声点、去除冗余点、点云重采样、矢量形状构建等操作。

(5)练习点云数据构 TIN,生成等高线的功能。

(6)练习点云数据计算体积、生成正射影像的功能。

四、实验方法与步骤

1. 认识 Riscan Pro 软件

安装 Riscan Pro 软件,打开软件界面,如图 9-12 所示。了解 Riscan Pro 的菜单、工具栏、数据视图、可视化视图、属性设置和各种数据图层等功能。

2. 点云配准

如图 9-13 所示,从两两扫描站点云数据中,选择 4 个以上的连接点,点击"配置"即可完成初略配准。

(1)首先右击第一站的站点位置,勾选"Registred"。

此时第一站站点后会出现图标;分别打开需拼接的两组数据,点击菜单栏中的图标,两站数据规则排列在视图中。

(2)点击工具栏中的"Registration",并选择"Coarse registration",如图 9-14 所示。

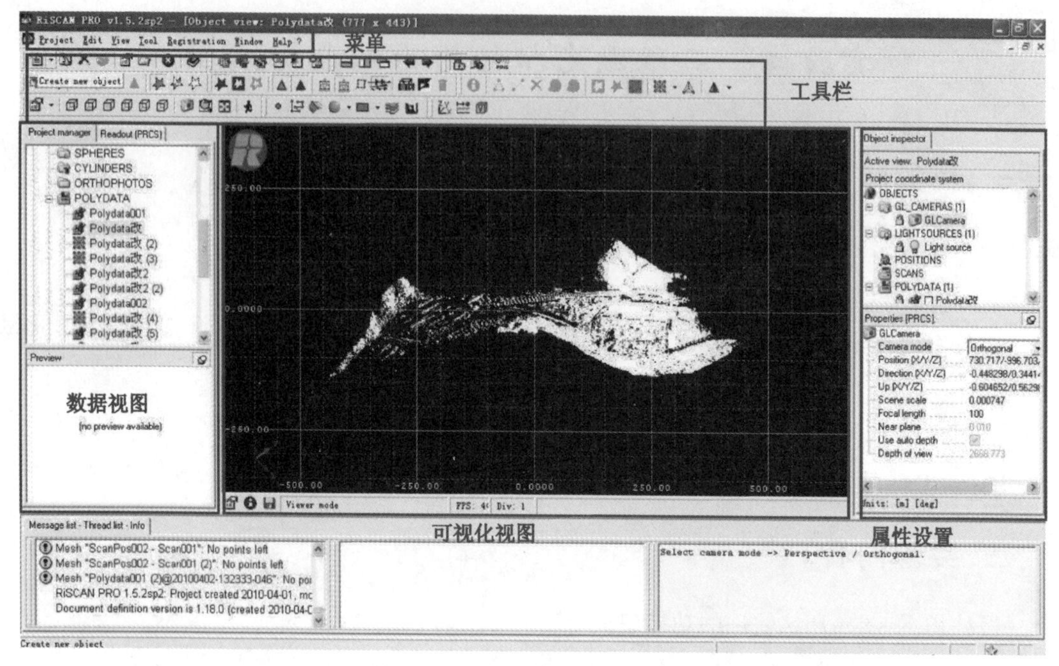

图 9-12　Riscan Pro 软件界面图

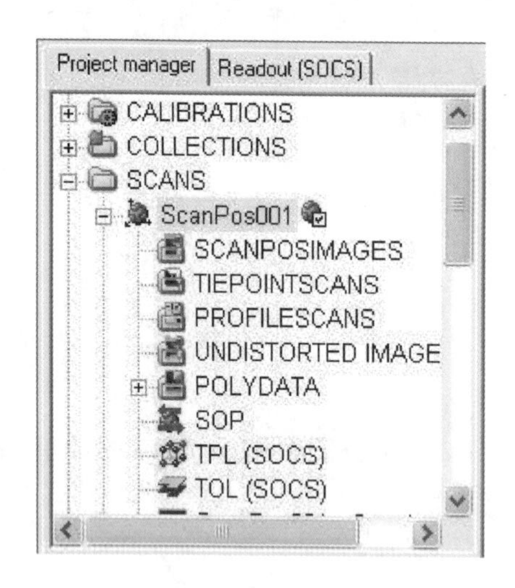

图 9-13　设置配准参数

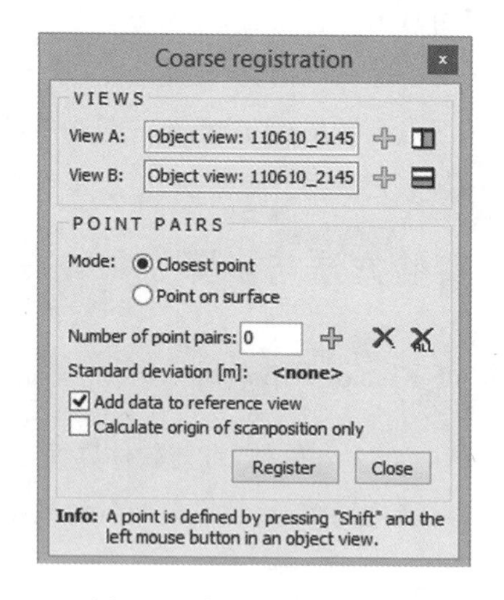

图 9-14　粗略配准设置界面

点击“View A”后的方框，然后再点击第一站的点云数据窗口，即可在“View A”中显示第一站点的云数据；同理设置“View B”显示第二站的点云数据；旋转数据找到公共不动点，按住 shift 键的同时，鼠标点左键；同理在第二站中找出相同的特征点；然后在“Coarse registration”中点击 ✚ 按钮。

此时 Number of point pairs: 0 中的数字将变为 1，在最少找到 4 个共同点后，点击 Register 按钮即可。

3. 点云赋色

如图 9-15 所示，在左边编辑框中选择需要贴照片的点云数据，鼠标右键选择“Color from images”。软件会自动将该站点数据对应的照片调出来，点击“OK”即可。

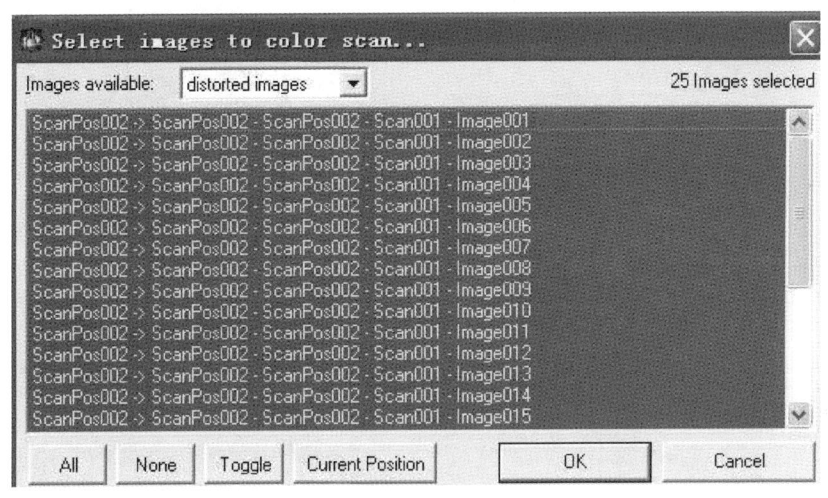

图 9-15　点云赋色

4. 点云预处理

(1)删除噪点。如图 9-16 所示，选择需要过滤噪点的数据，然后点击工具栏中的按钮，在窗口中选择“Deviation”这一选项，设定好数值点击“Start”删除噪声点。

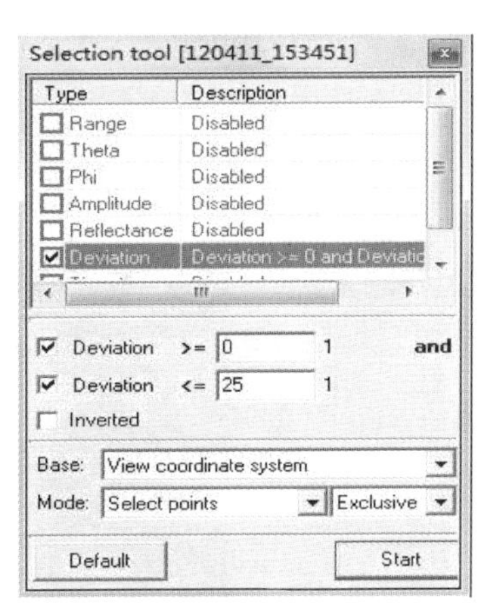

图 9-16　过滤噪声点设置界面

(2)删除冗余点。如图 9-17 所示，在左侧的编辑栏中，选中需要处理的点云数据，右击选择 “Filter data”，选中“2. 5D raster”。

(3)删除冗余点。在某些情况下，需要进行人工干预。点击工具栏上的，在“Plane”

中选择相关平面，通过“Bandwidth”设定范围上下值，通过“Offset”设定开始删除的点的位置，“Increment”设定的是删除带的间隔。按“＋/－”按钮来移动删除带。

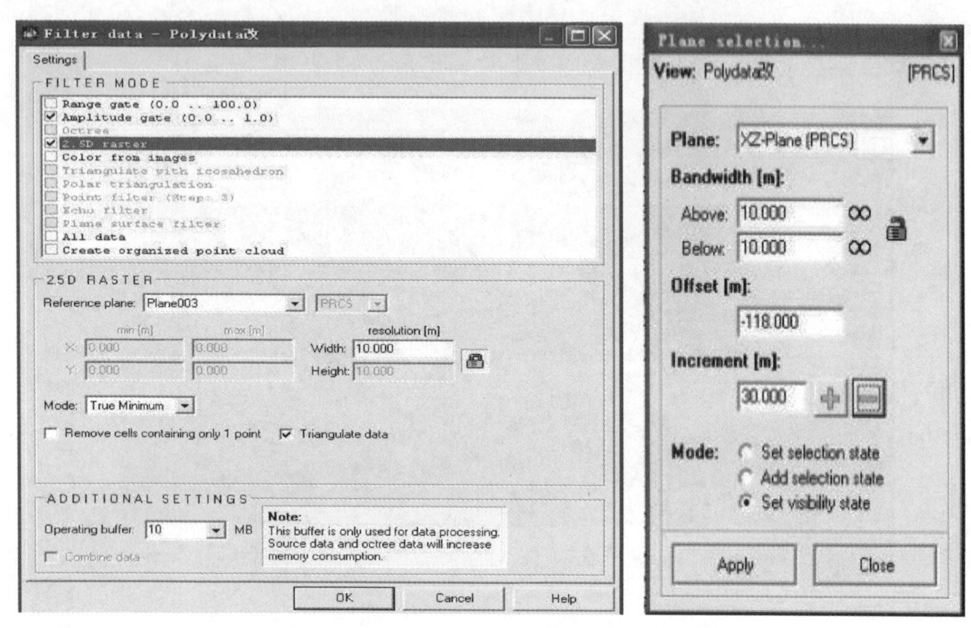

图 9-17　删除冗余点与平面参数设置界面

5. 构三角网与等高线生成

(1)打开需要建立模型的点云数据。

(2)在点云数据内选择 3 个点，建立平面。

(3)点击“创建三角网”，选择“Plane triangulation”，在弹出的对话框中选定需要建立的三角网的最大最小角度和长度，如图 9-18 所示。

(4)在建立的三角网模型基础上，设置等高线的高程差，如图 9-19 所示，点击“Create sections”软件自动生成等高线，如图 9-20 所示。

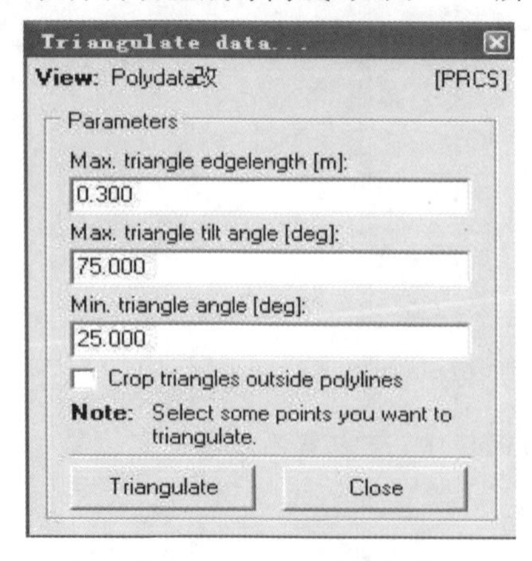

图 9-18　构网参数设置

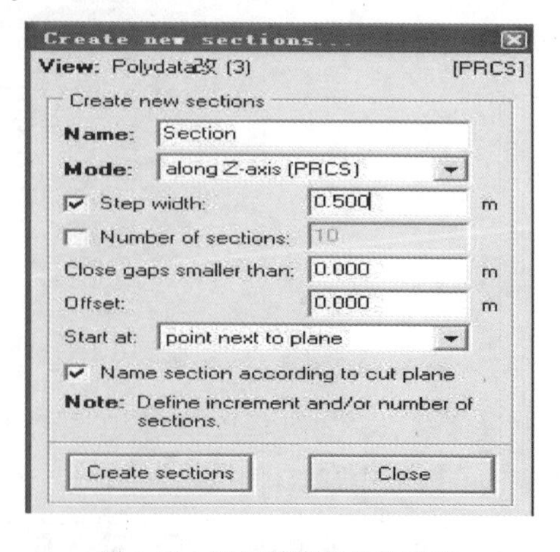

图 9-19　设置等高线的高程差

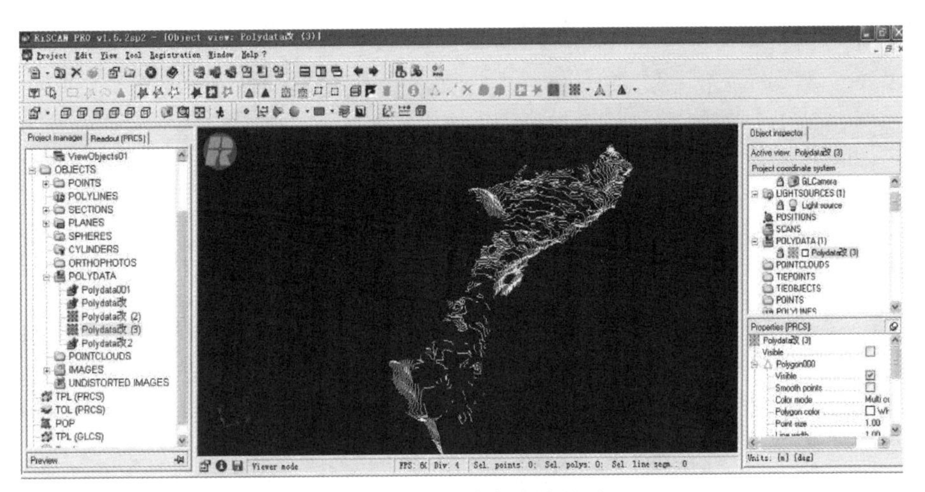

图 9-20　生成等高线效果图

6. 体积量算

(1)打开需要建立模型的点云数据,创建一个平面。

(2)点击体积计算按钮,选中 Create volume[s] as triangulated mesh ,设置栅格值为 0.500m,如图 9-21 所示,构建体模型可视化效果如图 9-22 所示。

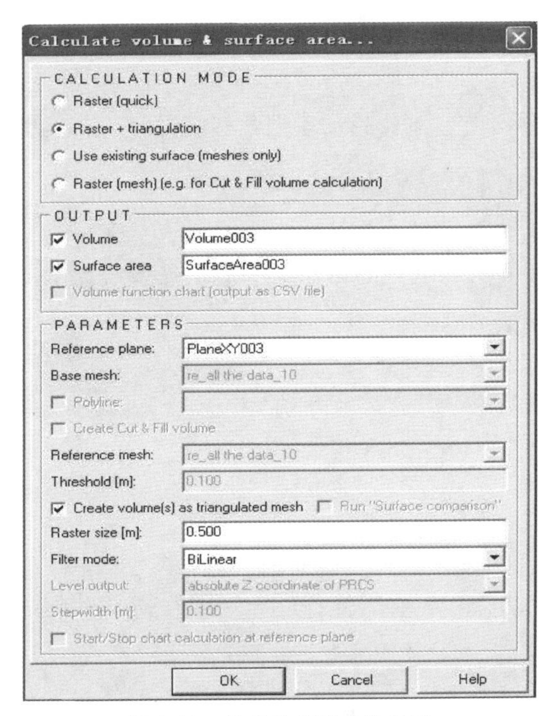

图 9-21　构建体模型参数设置

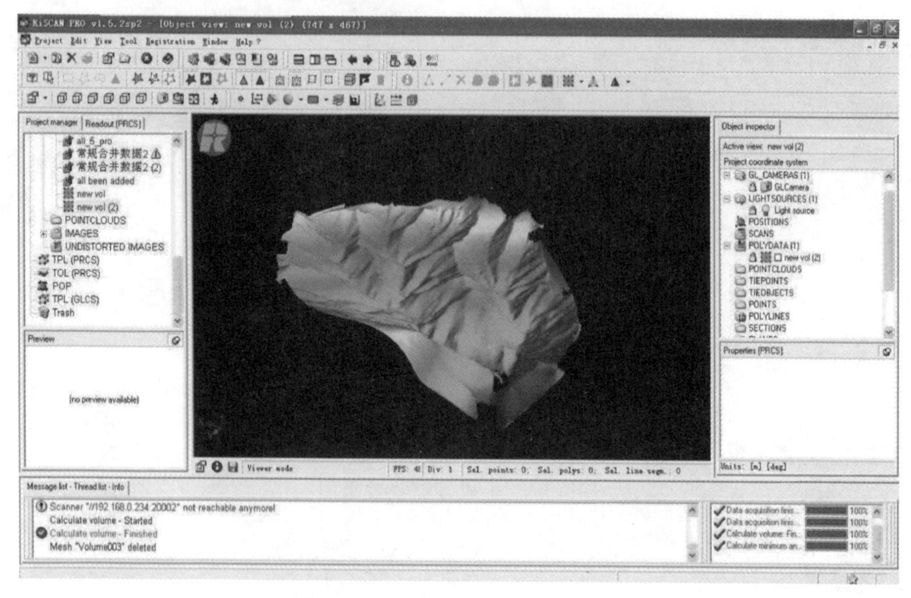

图 9-22　构建体模型可视化效果

7. 正射影像生成

(1)浏览纠正点云数据的照片。点击菜单栏中的“View”工具栏，选择里面的“Image browser”，在对话框左侧的编辑栏中，点击照片编号，可以看到相应的照片数据，如图 9-23 所示。

(2)鼠标右键点击需要建立正射影像的模型数据，选择“Texture”。

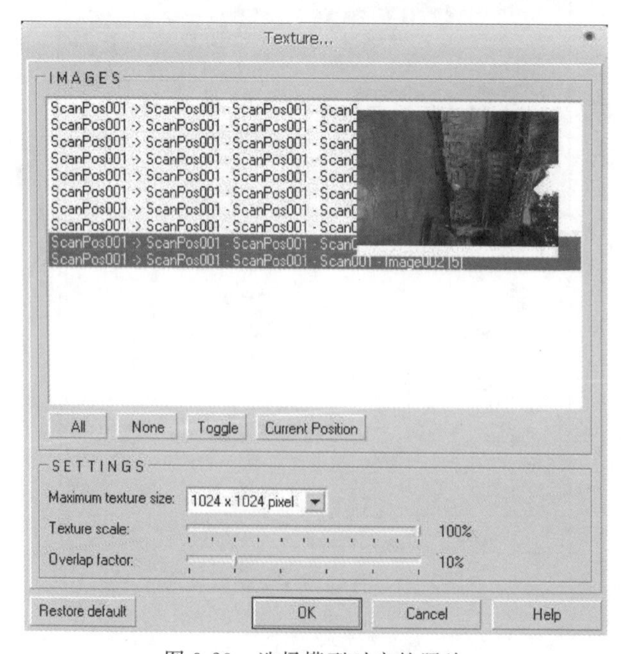

图 9-23　选择模型对应的照片

(3)选择 Define plane 定义平面，调整平面位置使平面能够很好地包含点云数据，然后保存定义的平面。

(4)创建正射图。如图 9-24 所示，选择所需要基于的坐标系，然后点击“OK”创建正射图，正射影像图效果如图 9-25 所示。

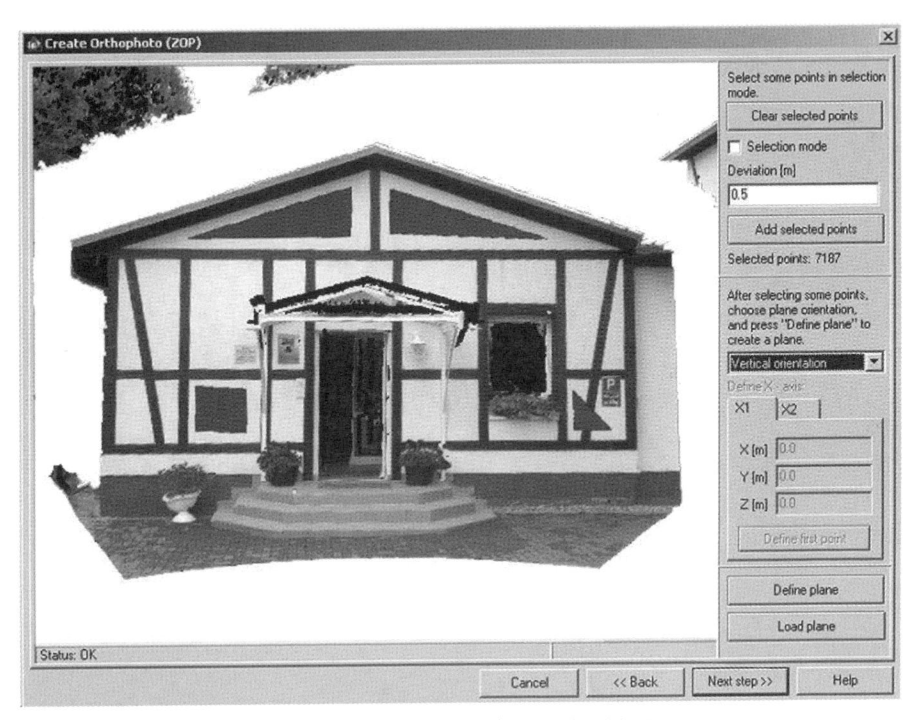

图 9-24　创建正射影像图的设置界面

图 9-25　正射影像图效果

五、注意事项

(1)在数据处理过程中，注意数据的备份，防止数据被误删除等不可逆操作。

(2)在数据导出过程中,不可删除扫描仪内部的系统文件,以免造成扫描仪无法工作。

(3)电脑和扫描仪的开关机顺序要注意,不可在开机状态直接断开电源。

六、思考题

(1)点云配准的基本原理是什么?

(2)点云配准的方法有哪几种?其适用场景是什么?

(3)构建三角网时,如何设置辅助平面更为准确?

(4)体积量算的准确度如何保证?

第二篇
野外实习

第十章　数字测图教学实习

一、目的和要求

“数字地形测量学”是一门实践性很强的专业基础课，数字测图教学实习是在完成理论知识学习以后，进行6周时间的教学实习。实习的任务是控制测量、测绘地形图。通过实习，将测绘理论知识系统地与实践相结合，进一步理解、巩固和拓宽测量理论知识。实习结束后，要求学生熟练地掌握测量仪器的检验和校正、导线测量、水准测量、全站仪、RTK和无人机测图的技能，比较系统地掌握测绘的基本知识技能。通过实习，培养学生的动手能力、团结协作精神及认真负责和严谨细致的工作作风。

二、测量实习地点

为了学校建设及测量实习需要，在中国地质大学（武汉）校园内建立了校内测量实习基地。校内实习基地除了人工湖旁边的山坡有明显的高低起伏外，其他地方较平坦、起伏不大。道路格网化、建筑物有规律地分布、通视条件良好。已布设的测量控制网如下：整个测区内布设了16个坐标高程已知的永久性的钢筋混凝土标志，将这些控制点布设于校园内的主要道路上。

三、测量实习时间安排与任务

1. 时间安排

实习时间安排见表10-1。

表10-1　实习时间安排表

实习内容	天数/d
测区踏勘、上课	1
检校仪器（i角、加常数）、选点	1
导线测量	5
水准测量	3
内业计算、上交成果	1
全站仪测图	4

续表 10-1

实习内容	天数/d
RTK 测图	4
无人机测图	2
数据处理	1
Cass 成图	7
无人机内业成图	6
成果整理，撰写实习报告	7

2. 实习任务

在测量实习基地内，每个小组根据已知的首级控制网点的坐标高程，完成本小组的平面和高程控制测量，然后利用全站仪和 RTK 测绘地形图，利用无人机测图建立的三维模型生成地形图。

四、工作步骤与技术要求

1. 仪器检验校正

(1)全站仪的检校。
(2)水准仪的检校。

2. 平面控制测量

平面控制测量采用的形式为一级导线，其技术要求见表 10-2。

表 10-2　导线测量主要技术要求

等级	导线全长/km	平均边长/m	每边测距中误差/mm	测角中误差/(″)	水平角测回数		方位角闭合差	全长相对闭合差
					DJ2	DJ6		
一	3.6	300	±15	±5	2	4	$\pm 10''\sqrt{n}$	1/14 000

导线的边长测量采用光电测距仪进行，光电测距的技术要求见表 10-3。

表 10-3　光电测距的技术要求

观测要求	往返测较差/mm	测回数	一测回读数较差/mm	测回较差/mm	一测回读数次数
往、返	15	2	10	15	2

平面控制测量的外业工作包括选点、测角、量边，内业工作为平差计算出控制点的坐标。选点时注意事项有以下几点。

(1)导线点应选在土质坚硬、能长期保存和便于观测的地方(点尽可能小，布设在路边，不影响交通，尽量选在树荫下，太阳下观测时要给仪器打伞）。

(2)相邻导线点间通视良好，便于测角、量边。

(3)导线点视野开阔，有足够的密度，便于测绘周围地物和地貌。

(4)导线边长应大致相等，避免过长或过短，相邻边长之比不应超过 3 倍。

观测过程中，若照准部水准管气泡偏离居中位置，同一测回内若气泡偏离居中位置则该测回应重测。不允许在同一个测回内重新整平仪器。不同测回测量时允许在测回间重新整平仪器。

外业数据采集完毕，进行内业平差计算，计算出控制点的 X、Y 坐标。

3. 高程控制测量

高程控制测量采用四等水准测量，所用仪器为数字水准仪，四等水准测量测站观测限差及技术要求见表 10-4 和表 10-5。

表 10-4 四等水准测站观测限差

水准仪	视线最长距离/m	前后视距差/m	前后视距累积差/m	两次读数差/mm	两次所测高差之差/mm	检测间歇点高差之差/mm	视线高度
数字水准仪	≤150	≤3	≤10	3	≤5	5	三丝能读数

表 10-5 四等水准测量的主要技术要求

每千米高差中数中误差/mm	测段往返高差不符值之限差/mm	附(闭)合路线高差闭合差之限差/mm
±5	$\pm 20\sqrt{L}$	$\pm 20\sqrt{S}$

严格按照课本四等水准测量规范测量，采用"后—后—前—前"的观测顺序，每两点之间一定是偶数站，转点处一定放尺垫，尺子放在尺垫凸起上，已知点和待测点绝对不能放尺垫，仪器架在两尺中间，目估中间位置或用仪器大概测量，调节脚螺旋使气泡居中，消视差，扶尺的同学一定要把尺子扶竖直，每一站检查合格后再搬站，外业数据采集完毕，进行内业平差计算，计算出控制点的高程。

4. 碎部测量

在划定的测图范围内，用全站仪和 RTK 测定地物、地貌特征点，用符号表示该地区的地物位置及地貌起伏情况，绘制地形图。

碎部点应选地物、地貌的特征点。对于地物，碎部点应选在地物轮廓线的方向变化处，如房角点、道路转折点、交叉点、河岸线转弯点以及独立地物的中心点等。连接这些特征点，便得到与实地相似的地物形状。由于地物形状极不规则，一般规定主要地物凸凹部分在图上大于 0.4mm 均应表示出来，小于 0.4mm 时可用直线连接。

常见的地物有门廊、台阶、室外楼梯、大门门墩、垣栅、塑像、旗杆、亭墩子、消防栓、井盖、宣传栏、广告牌、车棚、花坛、道路、沟渠、挡土墙、管线及其附属设施、电线杆及其连线、变电室、管道、储水池、喷水池、假山石、垃圾台、岗亭、池塘、沟渠、植被、花坛等。

对于地貌来说，碎部点应选在最能反应地貌特征的山脊线、山谷线等地性线上，如山顶、鞍部、山脊、山谷、山坡、山脚等坡度变化及方向变化处。测陡坎时，要测量陡坎的高度，点立上面，坎下高程等于坎上高程减去陡坎高，绘制等高线用。根据这些特征点的高程勾绘等高线，即可将地貌在图上表示出来。

5. 全站仪测绘地形图

1）外业观测

（1）安置全站仪，对中整平，量取仪器高，开机。

（2）创建文件，在全站仪中创建一个文件 JOB1，用来保存测量数据。

（3）设站定向。输入测站点点号及坐标高程、仪器高，并输入后视点点号及坐标高程、棱镜高，瞄准已知后视点上的棱镜中心进行定向，同时选择其他的已知点进行检查。

（4）碎部点采集。选择地物地貌特征点，测定各个碎部点的三维坐标并记录在全站仪内存中，记录时，注意棱镜高、点号的正确性。同时，及时绘制草图，草图上须标注与仪器中记录的点号对应的碎部点点号、连接关系与属性，供内业处理、图形编辑时使用，特征点编号隔几十个点和全站仪里的点编号核对一下，以免出错。测不到的点可以用钢尺量距，将丈量结果记录在草图上。

（5）支点：当局部地区原有控制点不能满足测图需要时，可在控制点上支点，但支点不得连续多于两个。方法是在地面做一个标志，测量该点的坐标和高程并记录下来，仪器搬到该点，设站观测，定向时后视点需要选择已知控制点，不能是其他支点。

2）内业成图

（1）数据转换。由于 Cass 坐标数据文件的拓展名为“*.dat”，数据格式为“点号，编码，Y 坐标，X 坐标，H 高程”，而全站仪中导出的测量文件为 txt 文件，数据格式为“NEZ”，即“X 坐标，Y 坐标，H 高程”，需要进行数据转换。将 txt 文件导入到 Excel 表格中，在数据表中，第一列为点号，第二列为编码，第三列为 Y 坐标，第四列为 X 坐标，第五列为 H 高程的格式，另存时文件类型选择“csv”格式，文件名输入“名字.dat”，即可完成转换，也可通过小软件转换。

（2）展点。选择对应的比例尺之后，选择“绘图处理”下的“展野外测点点号”操作，并选择相应的 dat 文件，将外业采集的碎部点的点位及点号展绘在计算机窗口上。

（3）绘图。根据野外作业时绘制的草图，移动鼠标至屏幕右侧菜单区选择相应的地形图图式符号，然后在屏幕中将所有的地物绘制出来。由于所有地形图的图式符号都是按照图层来划分的，绘图时可以按照控制点、居民地、独立地物、交通设施、管线设施、水系设施、境界线、地貌土质、植被园林的次序依次绘制，并对各要素进行名称注记、说明注记及数字注记。通过展绘的野外测点点号和高程点，进行地貌的绘制，先建立 DTM，由高程点建立 DTM 时，需要对建立的三角网进行编辑，如加入地性线，防止出现“削山脊”“填山谷”及过滤三角形，删除少量不合理的三角形，然后对等高线进行修剪和注记，避免等高线相交、穿过地物，修剪后还要对计曲线进行注记。

3）成果提交

经过地形图的检查，检查地物有无遗漏、绘制等高线是否合理，并经过地形图整饰，绘出内外图廓线、比例尺和正北方向，写上图幅编号、图名、坐标系统、高程系统、绘图日期、测绘人员姓名等，最后提交相应的数据文件、图形文件及纸质版地形图。

6. RTK 测绘 1∶500 校园地形图

结合 RTK 在建筑物密集、树林稠密的地区不易测量的特点，本次实习的测区安排在校园比较空旷、无遮挡、便于快速完成碎部测量作业的地方。

本次实习的详细步骤见本书“第一章的实验十 RTK 测量”。

将 RTK 碎部测量采集到的数据文件，经过展点、内业成图之后，并经过地形图的检查与整饰，提交相应的数据文件、图形文件及纸质版地形图。

7. 利用无人机测图建立的三维模型生成地形图

1)校园航飞数据采集

在完成室内理论培训与无人机飞行体验之后，在未来城校区进行实地踏勘、航线设计、重叠度设计后，使用大疆精灵 4Pro 采用五向法对目标区域进行航飞数据采集。

2)像控点选择

选择在航片上能够辨认清晰、没有遮挡、与地面无明显高差、与周围环境有明显色差的目标，并用 RTK 采集像控点的坐标数据，进行像控点的拍照，以记录像控点的点位、邻接关系，对像控点编号以及照片编号进行关联。

3)全自动化三维建模

在校内使用 Pix4D 和 Context Capture Center 全自动化构建三维模型，建模完成后的 3MX 格式的三维模型导出在设置的成果目录下，使用 Acute3D Viewer 查看生成的三维模型，将两款软件的建模成果进行对比，同时生成 DSM、DOM、DEM 三种模型。

4)三维模型应用

在摄影测量实验室进行三维模型绘制地形图的实习。利用三维模型绘制包括居民地、独立地物、交通设施等地物，以及在三维模型上绘制等高线来表示地貌特征。其中，房屋的绘制应该是软件绘制中的难点，需要在锁定高程的基础上，准确地绘制出房屋的边界，而房屋边界涉及不动产测量相关知识，所以在边界辨别上存在一定的盲区。房屋绘制中还涉及房屋空洞、房屋拼接等特殊情况。等高线的绘制可以在采取锁定高程后，利用等高线符号直接绘制，并利用等高线内插的方法，绘出等高线后再进行等高线编辑，也可以采用在三维模型上，直接选取地貌特征点，再生成对应的等高线。

在校园模型对应测区完成测图后，导出对应的 dwg 文件，并进行提交。

8. 利用无人机测图建立的三维模型生成平面图详细步骤

1)获取网络狗服务

(1)打开桌面航天远景教育版，点击用户许可工具。

(2)如果显示“ss 服务未启动”，则打开任务管理器(Ctrl＋Alt＋Delete)，选择“服务”，找到“Sense Shield Service”，双击鼠标左键。

(3)将启动类型改成自动,点击下方“确定”,之后再次选择“Sense Shield Service”,单击鼠标右键,选择“启动”,此时在网络加密锁这一栏下面会显示一个账户,表示可以使用。

2)数据来源

D 盘,“地大 ODGB 倾斜三维数据”压缩包,解压到当前目录下。

3)打开模型

(1)桌面,航天远景生产版,MapMatrix3D。

(2)第一次打开倾斜模型:点击上方菜单栏新建文件,选择“MapMatrix3D 工程”,点击“新建”,提示“是否使用真立体模式?”,选择“取消”。

(3)打开已有模型(方式一):点击上方菜单栏打开文件,选择需要打开的. mm3d 文件。

(4)打开已有模型(方式二):点击上方菜单栏打开文件,依次打开 osgb 文件和 fdb 文件,如图 10-1 所示。

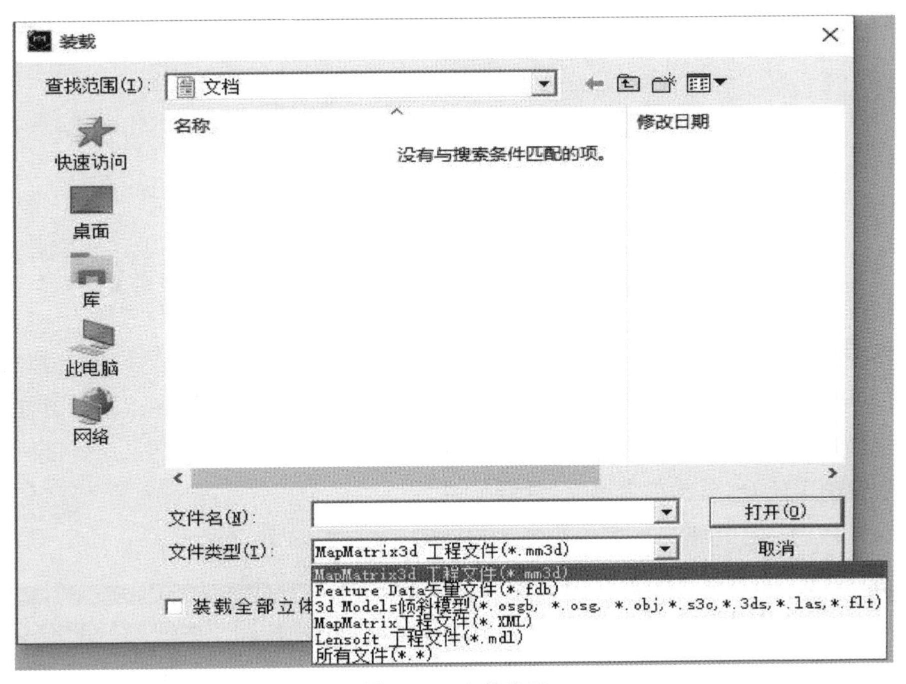

图 10-1　文件类型

4)基本操作

(1)分屏。一般情况下,当使用 mapmatrix 软件打开文件后,会出现对话框,只显示线划图或者三维模型。若要使屏幕变成一半屏幕是线划图,一半屏幕是三维模型,则可以在菜单栏中选择“工作区”中的“水平平铺”。

(2)保存。建议保存为 fdb 文件,菜单栏中选取“导入/导出”,选择第一个“导出 fdb”,方便之后继续绘制。

(3)打开模型后,为获得更好的视觉效果,可以选择菜单栏中的“消除模型闪烁”。

(4)选择要测图的地物,以一般房屋为例,可以在搜索框中输入拼音首字母“YBFW”,也可以输入其对应的代码“3103012”。

(5)导出成果图 dwg,菜单栏中选取“导入/导出”,选择第一个“导出 dxf/dwg”。将模板路径改为图 10-2 所示的地址,不然将会导出失败。

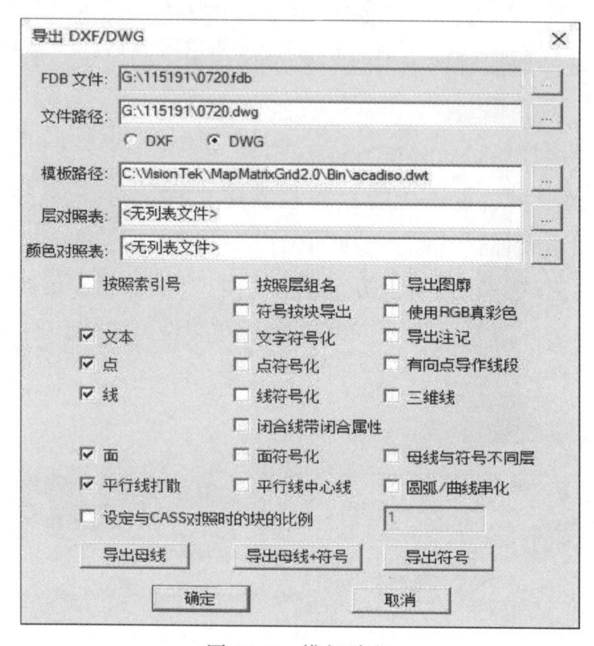

图 10-2　模板路径

5)房屋

(1)多点拟合。选择图片右上角的图标,或在图片左下角下拉框中选择“多点拟合”,左键两点确定一个房屋立面,单击右键确定,按住左键进行视角转换,拖动鼠标进行图像移动,转换到该房屋的另一个立面;单击左键确定该立面,单击右键确定,步骤同上绘制余下两个立面,单击右键确定闭合,再次单击确定,绘制完成。

(2)房屋搭建。首先将房屋主体按多点拟合边画好,如图 10-3 所示。

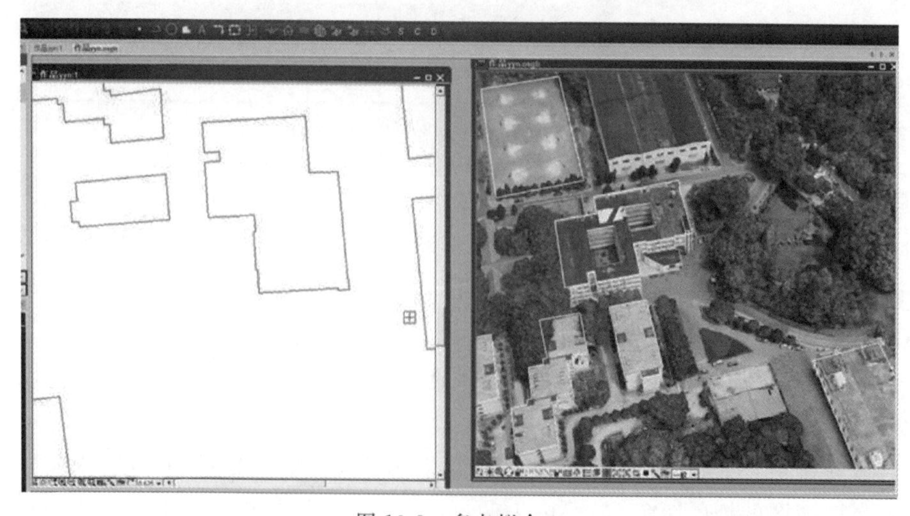

图 10-3　多点拟合 1

之后点击上方菜单栏的“多点拟合”修测地物。选择主体房屋后，直接用多点拟合画出附属房屋，如图 10-4 所示。

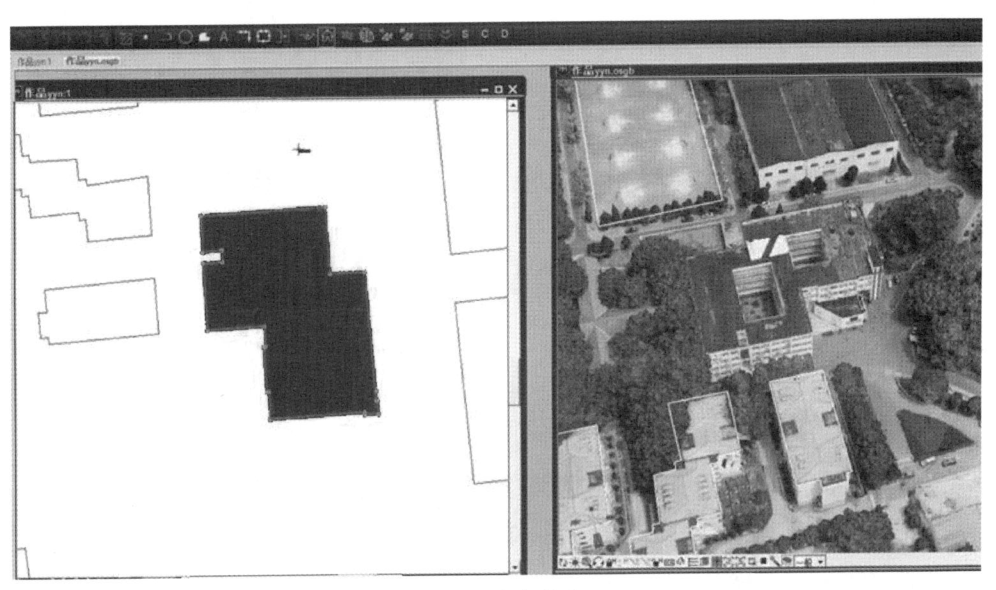

图 10-4　多点拟合 2

画完之后双击鼠标右键，结果如图 10-5 所示。

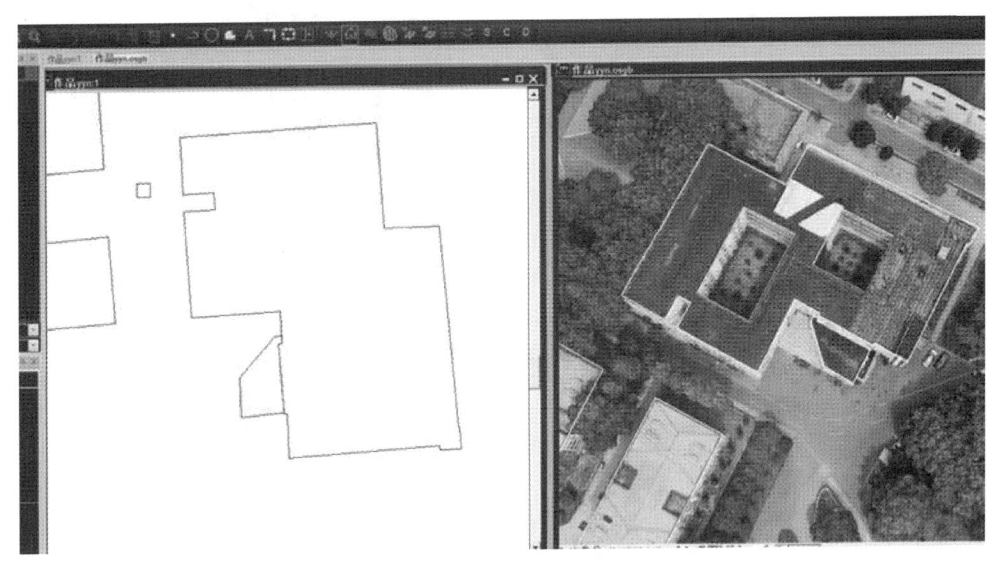

图 10-5　多点拟合 3

(3)房屋空洞。首先按照一般房屋的画法，使用多点拟合画出中间空洞，如图 10-6 所示。之后在上方菜单栏中选择“拓扑”，创建复杂面，选择需要融合的 3 个面，如图 10-7 所示。在键盘上按回车键，结果如图 10-8 所示。

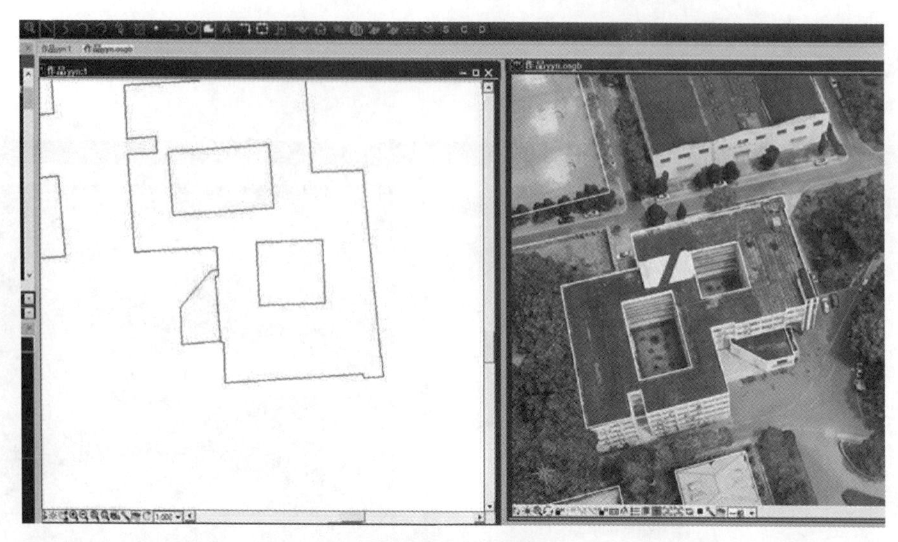

图 10-6　绘制空洞

图 10-7　选择需要融合的 3 个面

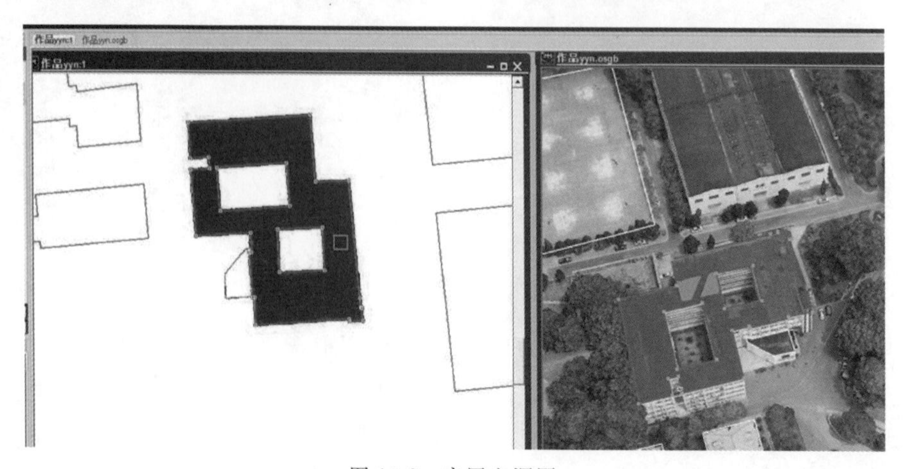

图 10-8　房屋空洞图

(4)房屋曲线(房屋房角为曲线)。在屏幕右下角的“多点拟合边测房设置”的“线型”中选择“圆弧”,如图 10-9 所示。

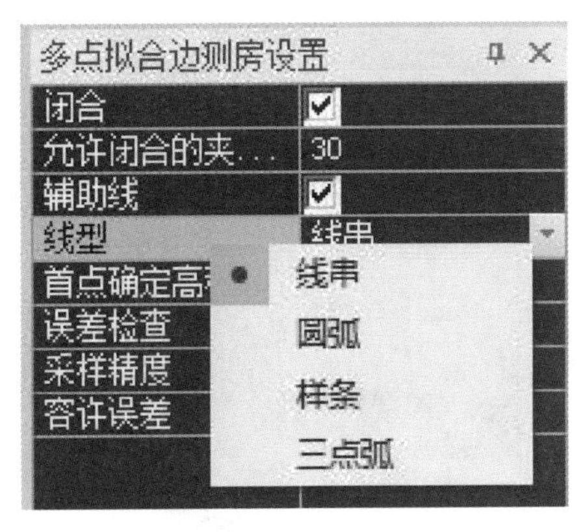

图 10-9　选择圆弧

点击“房屋曲面”,进行多点拟合,完成曲线部分的绘制后,将线型改为线串,继续绘制。

(5)折点挪动,将视角改为正交模式,发现该房屋绘制过程中存在错误,拖动折点进行修改,如图 10-10 所示。

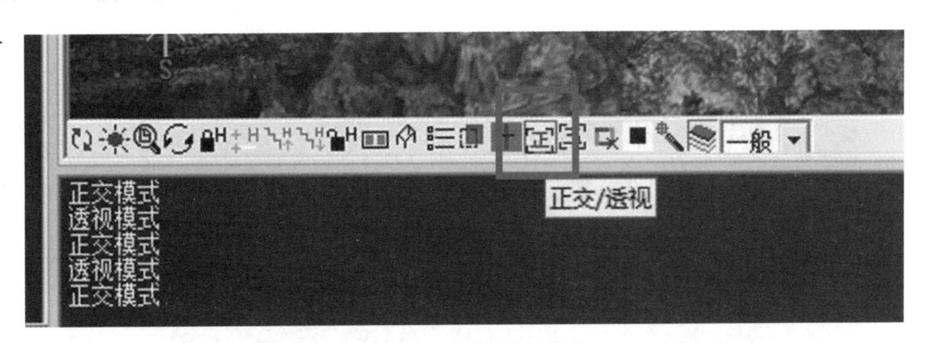

图 10-10　选择正交模式

在菜单栏中“编辑—选择”,拖动节点到理想的位置后,单击右键确定绘制完成。注意:此操作会使拖动的节点的高程发生变化,但出图的结果是二维 dwg 文件,所以可以忽略此问题;更理想的操作是,在命令栏中输入 lockheight 锁定高程后再进行操作。

(6)房屋类型楼层如图 10-11 所示。

6)道路

曲线修测,当采集到十字路口或者丁字路口的时候,可以点击右键结束当前采集,然后采集其他平行的地方,采集完后使用编辑功能把道路修完整。首先使用“图形修改”→“特殊地物处理”→“修改交叉口”功能把路口的线段连接起来,再使用“图形修改”→“修测和打断”→“曲线修测”的功能把单根的线修测成一条。

7)操场

直道部分用直线,弯道部分用曲线,如图 10-12 所示。

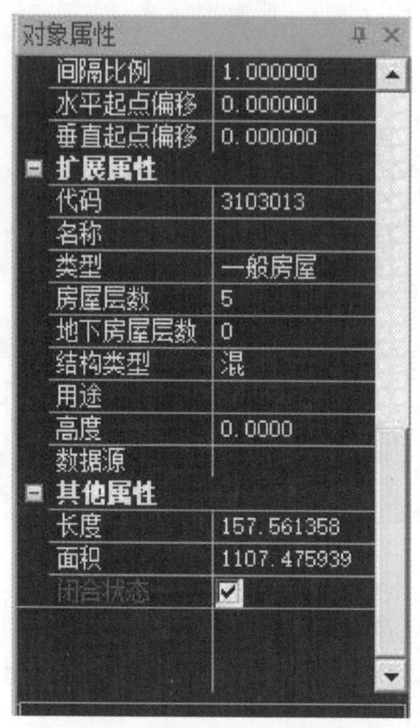

图 10-11 房屋类型楼层

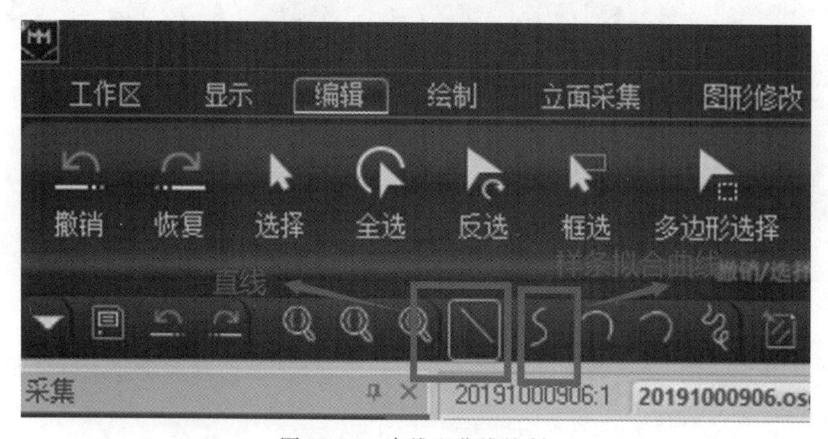

图 10-12 直线和曲线绘制

五、实习成果资料及成绩考核评定

1. 上交的成果

（1）小组共一份成果，包括技术设计书、全站仪检校记录表、水准仪检校记录表、观测记录手簿、测图草图。

（2）每人上交成果，包括内业成果计算表两份（导线测量、水准测量）、地形图、无人机内业成图、实习报告（包括实习目的、实习内容、实习步骤、技术总结分析、实习体会与收获、感想及建议），报告一般不少于5000字。

2.成绩考核评定

数字测图实习是独立于“数字地形测量学”课程的实践性教学环节，单独进行成绩评定。成绩评定由实习指导教师根据每组及每位同学所提交的实习成果的质量、指导教师在实习中对学生的考查成绩、学生在实习期间的表现(包括出勤情况等)、实习纪律、仪器完好状况等综合评分。最后成绩评定中，实习表现、实习考核、方案技术设计、实验报告和数字化成图分别占40%、10%、10%、20%、20%的比例，进行综合评分，记分形式采用百分制。

六、实习的组织、注意事项及纪律

1.实习的组织完成

测量实习以组为单位独立进行，每组学生人数为4～5人，每组推选组长1人。组长的职责是负责组内实习分工及仪器设备管理，组长应注意合理均匀地给组员分配任务，使每项工作都由组员轮流担任，加强组员间的协调、配合，保质、保量地完成实习任务。

2.实习注意事项

(1)实习期间要注意人身安全(防火、防电、防水、防盗、谨行、慎食)。实习期间，学生必须遵守消防安全规定，严禁私带火种上山(打火机、火柴等)；严禁使用违章电器；严禁弃火、下河游泳、高空攀爬、私自住宿；严禁使用易燃、易爆或有毒物品；严禁带陌生人进入实习区域和实习基地；注意交通安全，避免意外损失或损伤；注意饮食卫生，不在无证经营的饮食小摊及其他不卫生的场所就餐，不吃过期变质的食物，要把预防食物中毒和疾病感染放在日常生活的重要位置；注意防盗，不要把随身物品随意放置；搞好与当地群众的关系，不要与当地群众发生冲突，有突发事件向带队教师报告。

(2)实习期间要注意仪器安全。严格按照仪器操作规范进行实习，爱护仪器，确保实习期间仪器安全，特别要注意以下几点：仪器、工具旁边任何时候不能离人，观测时仪器箱扣好箱盖；松开仪器的连接螺旋后应立即将仪器装入仪器箱；在有风的日子一定要注意仪器、工具的安全，严禁将伞架在仪器上。仪器如有损坏，责任人须照价赔偿。

3.实习期间的要求

(1)学生在实习期间，要互相协作、互相配合和互相帮助，要有团队精神，遇到困难或发生问题要互相体谅，不要互相埋怨、指责。

(2)学生干部、党员要充分发挥模范带头作用，协助教师加强对实习学生的指导和管理工作。

(3)实习期间不得无故缺席、迟到、早退，不得请假回家。一般不得请事假，特殊情况需请事假时，须由领队教师批准。擅自不参加实习者，实习成绩判定为不合格。

(4)要服从实习教师的安排，不得擅自行动，外出要向教师报告。

(5)在实习中必须认真、严谨、细致，成果不合格必须返工。记录、计算表格及图纸必须准确、整齐、美观。严禁涂改或重抄原始记录，不许抄袭成果。

第十一章　大地控制测量野外实习

一、目的和要求

等级控制测量操作能力的好坏，即能否独立完成等级控制测量任务是衡量学生掌握本专业知识水平、成为一个合格的测绘工程专业高级人才的一个重要标志。本次实习的目的主要是训练学生等级控制测量的操作能力，使学生对等级控制测量的全过程有一个完整的认识，做到会测、会进行数据处理及平差计算，为今后参加工作打下基础。要求学生熟练掌握测量仪器的检验和校正、精密角度测量、精密水准测量、电子全站仪的使用与控制测量操作技能，比较系统地掌握测绘生产的技能。

二、测量实习地点

为满足大地测量教学实习需要，需在中国地质大学(武汉)未来城校区内建立一级导线平面控制网和二等高程控制网。

(1)平面控制点的布设。结合校园现状，按一级导线要求，采用结点导线网的形式布设平面控制网。平面控制点布设于校园内的主要道路上，布点间距平均边长为300m左右。

(2)高程控制点的布设。所有平面控制点同时作为高程控制点使用，构成高程控制网。

三、测量实习任务与时间安排

综合实习任务按3周测量实习时间编制，若实习计划时间少于3周的专业可酌情适当减少实习内容。根据仪器设备的实际情况，平面控制测量可采用2″级全站仪进行，高程控制测量可采用数字水准仪进行。实习具体时间安排见表11-1。

每个小组完成校园四等导线平面控制测量、二等高程控制测量。本次控制测量实习的技术要求按《城市测量规范》中的有关规定执行，测区内采用WGS-84坐标系统。

表11-1　时间安排表

实习内容	天数/d
布置实习任务、领仪器、踏勘测区	0.5
精密水准仪、全站仪检校	0.5
二等水准测量及计算	8.0
四等导线测量	8.0

续表 11-1

实习内容	天数/d
四等导线内业计算	2.0
成果整理和技术总结	1.0
交成果、技术总结及考核	1.0
总计	21.0

四、实习的组织及纪律

1.实习的组织

测量实习以组为单位，每组学生人数一般为 4～5 人，实际实习中也可根据总人数和仪器配置情况适当增减人数。每组推选组长 1 人。组长：负责组内实习分工、仪器设备管理与考勤工作。考勤要实事求是地反映组员当天所完成的工作内容、工作质量及工作时间。实习完成后由组长对全体组员综合打分。组长应注意合理均匀地给组员分配任务，使每项工作都由组员轮流担任，若组内同学分工不均匀要扣掉组长的一定得分；要注意根据本组的实际情况，适时召开全体组员会议，及时总结经验教训，加强组员间的协调、配合，保质、保量地完成实习任务。

2.实习纪律

(1)服从教师指导，努力完成教师及小组安排的各项工作。

(2)遵守作息制度，注意劳逸结合。作息时间一般应参照学校作息时间，各组可结合暑期高温情况对本组的工作时间做适当调整。

(3)遵守仪器操作规程，正确使用、保管仪器工具。爱护公物、树木、草坪。

(4)搞好团结。保证人身、仪器安全。

(5)非特殊原因，不得请假。病假应有医院证明。无故缺席者，作旷课论处。请假超过 3 天者及损坏仪器严重者，实习成绩不及格。

五、工作步骤与技术要求

1.平面控制测量

(1)已有导线点布设的认识。在本组测量范围内，了解导线点的位置所在，绘平面控制测量略图。

(2)导线测量：各组可根据本组仪器设备实际情况，按照下列方法进行测量。

水平角测量：在角度测量模式下进行，用测回法观测导线点水平角 6 个测回，记录表格参照第二章的控制测量课间实验二，水平方向观测手簿。

水平距离测量：在距离测量模式下进行，记录表格为全站仪测距仪测距记录表。

平面控制网为四等导线网。边长相对中误差不大于 1/40 000。采用方向观测法观测，用 2"级测角仪器观测 6 个测回。重测应在基本测回完成并对成果综合分析后再进行。

(3)测量限差。水平方向角观测测站限差是根据不同的仪器类型规定的，见表 11-2。

表 11-2　水平方向角观测测站限差

限差项目	1″级	2″级	
半测回归零差	6	8	注：当照准点的垂直角超过 3 °时，该方向的 2c 互差应与同一观测时间段内的相邻测回进行比较。如按此方法比较应在手簿中注明。
一测回 2c 互差	9	13	
测回互差	6	9	

电磁波测距导线的主要技术要求见表 11-3。

表 11-3　电磁波测距导线的主要技术要求

等级	闭合环或附合导线长度/km	平均边长/m	测距中误差/mm	测角中误差/(″)	导线全长相对闭合差
三等	15	3000	≤±18	≤±1.5	≤1/60 000
四等	10	1600	≤±18	≤±2.5	≤1/40 000
一级	3.6	300	≤±15	≤±5	≤1/14 000

2. 高程控制测量

本次实习按二等水准测量精度要求进行。水准测量有关限差见表 11-4。

表 11-4　二等水准测量的技术指标

等级	视线长度/m	前后视距差/m	前后视距累积差/m	两次读数差/mm	两次所测高差之差/mm	检测间歇点高差之差/mm	环线闭合差/mm
二等	≤50	≤1.0	≤3.0	0.4	0.6	1.0	$4\sqrt{L}$

注：L 为环线长，以 km 为单位。

六、仪器使用及测量方法

(1)全站仪的使用及方向测量。在导线节点处，方向数超过 3 个时，需要采用全圆方向观测法；方向数未超过 3 个时，不需要归零，具体测量方法参见课间实验。

(2)精密水准仪的使用及测量方法。掌握数字水准仪的基本构造，进一步认清其主要部件的名称及作用；掌握精密水准测量方法。主要测量方法或手段参见课间实验相应内容。

七、实习成果资料及成绩考核评定

1. 实习成果资料

(1)平面控制网图、水准路线图。

(2)方向观测和水准测量手簿、记簿,仪器检定资料。

(3)平差计算成果表。

(4)小组实习总结报告。内容包括小组考勤表、小组完成的工作内容、工作质量及工作时间等。

(5)个人实习报告(每人1份)。个人实习总结主要是技术总结报告,内容包括实习中本人做过的工作、测量理论和实践相结合的技术总结分析,实习体会与收获、感想或建议。报告一般不少于800字。

以上资料以小组为单位装订成册,统一上交。

2. 成绩考核评定

大地测量教学实习是独立于"大地测量学基础"课程的实践性教学环节,单独进行评定成绩。实习成绩由实习指导教师根据每组及每位同学所提交的实习成果的质量、指导教师在实习中对同学的考查成绩、同学在实习期间的表现(包括出勤情况等)、实习纪律、仪器完好状况等综合进行评分。基本评分标准见表11-5。

表11-5　评分标准

项目及权重	实验评价细则及得分				
	100～90	89～80	79～70	69～60	59～0
实习表现(0.3)	全勤,准确分析并解决遇到的问题,表现认真积极	迟到或旷课少于2次,准确分析并解决遇到的问题,只有较少错误,表现积极	迟到或旷课少于4次,比较准确分析并解决遇到的问题,表现比较积极	迟到或旷课较多,实习时呈被动姿态,表现一般	多次旷课达到总课时的1/3,对遇到的问题束手无策,或表现比较消极
实习考核(0.3)	考核结果优秀	考核结果良好	考核结果中等	考核结果及格	考核结果不及格
实验成果实验报告(0.4)	成果真实且准确。报告格式正确,内容完整,层次清晰,书写规范,结果正确等	成果真实且符合要求。报告格式正确,内容较完整,层次较清晰,书写规范,结果明确	成果真实且符合要求。报告格式正确,主要内容完整,层次较清晰,书写比较规范	成果真实。报告格式正确,主要内容比较完整,层次基本清晰,书写基本规范	成果造假。报告格式凌乱,内容严重缺失,层次和条理无序,书写难以识别

实习过程、实验报告及总评成绩均为百分制,在总评成绩中,实习过程和实验报告所占的权重分别为α、β,α和β分别是0.6、0.4。

八、仪器领借、保管方法及注意事项

1.仪器领借、保管方法

(1)实习前,以小组为单位按照仪器室规定时间向仪器室领借仪器、工具,领到仪器后,首先检查仪器是否工作正常,再检查仪器及附件是否齐全;实习结束后,按规定时间将所借仪器、工具全部归还仪器室。

(2)仪器的借用和整个实习期间的统一保管事宜,由小组组长负责组织。

(3)每件仪器工具均应由组长负责分配给专人妥善保管,不得遗失或损坏。如有损失,按学校规定赔偿办法由损失人负责,照章赔偿。

(4)实习期间,仪器工具如有遗失、损坏,应于当天报告教师,检查登记。

(5)爱护仪器、工具。

2.注意事项

(1)搬运工具时应小心轻放,防止仪器受震动和冲击;不横放或倒置;检查背带提环是否牢实;箱盖应扣好、加锁。

(2)由箱内取出仪器时,应拿其坚实部分,不可提望远镜。

(3)仪器装在三脚架上以后,应检查是否确已装牢,否则不能松手;安置仪器位置应适当,尽量安置在路边,不得影响交通。

(4)时刻注意仪器的安全。仪器安置以后,必须有人在仪器旁边守护,不可离人,以免发生意外。实习过程中,不得打闹,更不能使用标杆、水准尺等打闹或玩耍。

(5)在野外远距离搬移仪器时,应将仪器装在仪器箱内;近距离搬移时,应将仪器抱在胸前,一手托住基座部分,一手抱住三脚架,切勿扛在肩上。

(6)在野外遇雨时,应把仪器套套上,或放入箱内。勿使仪器淋雨受潮。

(7)仪器如受雨淋后,应立即擦干,并放在外面晾一会,不可立即装入箱内。

(8)皮尺应严防潮湿,皮尺卷入盒内时勿绞缠。

(9)水准尺的尺面刻度应加以保护,勿受磨损。放尺时不应让尺面着地,尺端底部勿粘泥土,并防磨损。

(10)标杆应保持直挺,切不可用来抬物或作掷、撑器具。

第十二章　工程测量野外实习

工程测量野外实习是工程测量学课程的综合实习课，是理论课的同步课程，是测绘工程专业的一门专业课。通过实习，理解和消化“工程测量学”课堂教学的内容，巩固和加深课堂所学的理论知识；熟练掌握仪器设备的使用方法，培养学生外业工作的组织能力、独立分析问题和解决问题的能力；培养学生团队协作、认真负责、吃苦耐劳的敬业精神，养成严格按照测量规范进行测量作业的工作作风，为以后从事测绘工作打下坚实的基础。

一、实习目的和要求

1. 实习目的

通过实习使学生熟练地掌握常用的施工放样的方法与原理，了解一些大型工程建设中常用的工程变形监测方法及监测设备，了解大型工程中各类控制网的建立方法，进一步巩固和深化理论知识，将理论与实践相结合。

2. 实习要求

(1)要求在实习过程中按时出勤；实习应在规定时间内进行，不得无故缺席或迟到、早退；应在指定的场地进行，不得擅自改变地点。

(2)应听从教师指导，严格按照实习要求，认真、按时、独立地完成任务。

(3)熟练掌握工程测量教学实习内容，撰写实习报告。

二、实习目标

通过本课程的学习，应达到的目标及能力如下：

(1)具备 RTK 施工方法、施工控制网建立的能力，培养学生的团队合作意识。

(2)了解国家大型工程建设中测量工作的重要性、INSAR 新技术及对应的监测方法；具有自主学习和终身学习的意识，有不断学习和适应测绘行业发展的能力。

(3)了解大型水电站基础廊道中的变形监测设备、使用方法，GNSS 在变形监测中的应用。

(4)具备进行施工控制网技术设计、观测方案、技术总结撰写的能力。

三、工程测量野外教学实习地点

(1)中国地质大学(武汉)三峡秭归实习基地。
(2)三峡大坝。
(3)湖北省秭归县新滩镇三峡链子崖风景区。
(4)湖北清江隔河岩水电厂。

四、实习内容及时间安排

1. RTK施工放样,实习4天

主要教学内容及知识点:基准站设置,流动站设置,RTK数据采集,点、线放样。要求学生能掌握基准站与流动站的通信连接设置,建立坐标系统;掌握RTK数据的导入、导出。

2. 三峡大坝工程测量参观实习(实习1天)

主要教学内容及知识点:了解三峡大坝施工控制网的建立方法和原理、施工放样方法。能力点:要求学生能掌握施工控制网建立的方法和原理、精度指标要求及施工放样方法。

3. 链子崖滑坡监测参观实习(实习1天)

主要教学内容及知识点:登山观看INSAR仪器设备,掌握INSAR监测方法的原理及应用。了解INSAR仪器设备及对应的监测方法;加强学生对测绘新技术的了解。

4. 清江隔河岩水电站变形监测参观实习(实习1天)

主要教学内容及知识点:了解水电站坝体内部基础廊道中的各种变形监测设备及其安装部位,了解各项监测设备的监测目的和监测对象以及监测设备的使用方法,了解变形监测的观测周期以及确定变形监测观测周期的原因等内容,了解GNSS在大坝变形监测中的应用。要求学生能掌握基础廊道中的变形监测设备及使用方法。教师会给学生讲解变形监测在98年抗洪中发挥的作用,让测绘工程专业学生感受到自己将要承担的社会责任。

五、实习报告编写要求及成绩评定方法

1. 实习报告编写的内容

(1)实习的性质、目的和方式。
(2)实习的任务、内容及时间安排。
(3)实习任务完成情况。
(4)实习的体会、感想及对实习工作的意见和建议等。

2. 实习报告的编写要求

(1)分章、节编写。

(2)图表与文字说明对应,大小、位置适当。

(3)要求叙述清楚、层次分明、重点突出,标号符号要使用正确,字迹要工整。

(4)报告封面必须用学校统一格式的实习报告封面。

3. 实习成绩评定方法

课程考核以考核学生能力培养目标的达成为主要目的,主要通过以下 3 个方面展开。

(1)实习表现占总成绩的 30%,实习中能全勤,准确分析并解决遇到的问题,表现非常认真积极,可得满分。若发生迟到或旷课,对遇到的问题束手无策,或表现比较消极,会根据情况酌情减分。

(2)实验成果和实验报告撰写占总成绩的 40%,成果真实且准确。报告达到格式正确、内容完整、层次清晰、书写规范、结果正确等条件可得满分。若发现实验成果造假、报告格式凌乱、内容严重缺失、层次和条理无序、书写难以识别,会酌情减分。通过实习,要求学生会撰写工程测量教学实习的技术总结报告及符合规范性的成果报告等。在能力上通过本次工程测量实习,要求学生能根据相应级别规范要求,会撰写技术总结报告。

(3)实习考核占总成绩的 30%,考核结果分优秀、良好、中、及格 4 个等级。

六、实习其他事项说明

学生在实习期间,指导教师完成下列工作。

(1)指导学生了解实习计划和安排,以便实习工作的顺利进行。

(2)实习内容密切结合工程测量工程实际,帮助学生收集资料并指导学生阅读有关资料。

(3)在教学方法上主要采用现场教学。

(4)形成引导式学习,提高学生学习兴趣。

(5)随时检查实习情况,协助解决实习中的各种问题。

(6)每部分实验内容结束,应予以总结,并适时讨论答疑。

(7)提出实习评语。

第十三章　数字摄影测量实习

一、实习目的

“数字摄影测量实习”是测绘工程专业的一门重要专业课。数字摄影测量测图实习是一个综合性很强的实习，它是对摄影测量课程中所学摄影测量及相关专业的综合应用。该实习通过航天远景的数字摄影测量系统来完成。通过该实习了解摄影测量的生产流程，并掌握摄影测量的专业技能(立体观测)，制作出符合生产要求的4D产品，即数字高程模型(digital elevation model，DEM)、数字正射影像图(digital orthophoto map，DOM)、数字线划地图(digital elevation model，DLG)、数字栅格地图(digital raster graphic，DRG)。

二、实验项目的基本要求

(1)了解数字摄影测量的生产流程，认识数字摄影测量系统，熟悉航天远景数字摄影测量系统的运行环境及软件模块的操作特点，掌握实习工作流程。

(2)掌握内定向、相对定向、绝对定向参数解算，沿核线重采样，为后面的立体量测做好准备工作。

(3)熟悉测图、图形编辑。

(4)掌握DEM、正射影像图制作。

三、计划和安排

实习一　预备知识与数据准备

实习二　单模型定向实习

实习三　“空三”加密实习

实习四　制作数字高程模型(DEM)与数字正射影像(DOM)

实习五　立体测图实习[制作数字线划地图(DLG)]

实习一　预备知识与数据准备

数字摄影测量：由计算机视觉（其核心是影像匹配与识别）代替人眼的立体量测与识别，完成影像几何物理信息的自动提取。

4D产品生产实习是一个综合性很强的实习，它是对4年本科所学摄影测量及相关专业的综合应用。该实习在数字摄影测量实习的基础上进行，应用VirtuoZo NT系统来完成。不仅要求掌握4D产品生产的基本原理与方法，而且强调摄影测量的专业技能（立体观测），制作出符合生产要求的4D产品。

一、实习目地与要求

本单元实习通过阅读实习指导书，了解4D的基本概念、航天远景数字摄影测量系统的运行环境及软件模块的操作特点、实习工作流程，从而能对4D产品生产实习有个整体概念。掌握创建/打开测区及测区参数文件的设置；掌握参数文件的数据录入；完成原始数字影像格式的转换。

二、实习内容

1. 4D的基本概念

数字高程模型是在某一投影平面（如高斯投影平面）上规则格网点的平面坐标（X，Y）及高程（Z）的数据集。DEM的格网间隔应与其高程精度相适配，并形成有规则的格网系列。根据不同的高程精度，可分为不同类型。为完整反映地表形态，还可增加离散高程点数据。

数字正射影像图是利用数字高程模型对经扫描处理的数字化航空像片，经逐像元进行投影差改正、镶嵌，按国家基本比例尺地形图图幅范围剪裁生成的数字正射影像数据集。它是同时具有地图几何精度和影像特征的图像，具有精度高、信息丰富、直观真实等优点。

数字线划地图是现有地形图要素的矢量数据集，保存各要素间的空间关系和相关的属性信息，全面地描述地表目标。

数字栅格地图是现有纸质地形图经计算机处理后得到的栅格数据文件。每一幅地形图在扫描数字化后，经几何纠正，并进行内容更新和数据压缩处理，彩色地形图还应经色彩校正，使每幅图像的色彩基本一致。数字栅格地图在内容上、几何精度和色彩上与国家基本比例尺地形图保持一致。

2. 了解MapMatix系统

由计算机视觉（其核心是影像匹配与影像识别）代替人眼的立体量测与识别，不再需要传统的光机仪器。原始资料、中间成果及最后产品等都是以数字形式，克服了传统摄影测量只能生产单一线划图的缺点，可生产出多种数字产品，如数字高程模型、数字正射影像、数字线划图、景观图等，并提供各种工程设计所需的三维信息、各种信息系统数据库所需的空间信息。下面简要介绍一下 MapMatix 软件模块等。

(1)运行环境及配置。刷新频率大于 120Hz。另外还应有数字化影像获取装置(例如高精度扫描仪)、成果输出设备以及立体观察装置等附属配置。

(2)主要软件模块。它包括解算定向参数、自动空中三角测量、核线影像重采样、影像匹配、生成数字高程模型、制作数字正射影像、生成等高线、制作景观图、DEM 透视图、等高线叠加正射影像、基于数字影像的机助量测、文字注记、图廓整饰。

(3)作业方式。自动化与人工干预。系统在自动化作业状态下运行不需要任何人工干预。人工干预是作为自动化系统的"预处理"与"后处理",如必要的数据准备、必要的辅助量测等及自动化过程无法解决的问题。人工干预不同于简单的人工控制操作,而是尽可能达到了半自动化。

3.4D 产品制作流程

摄影测量内业处理整体过程如图 13-1 所示。

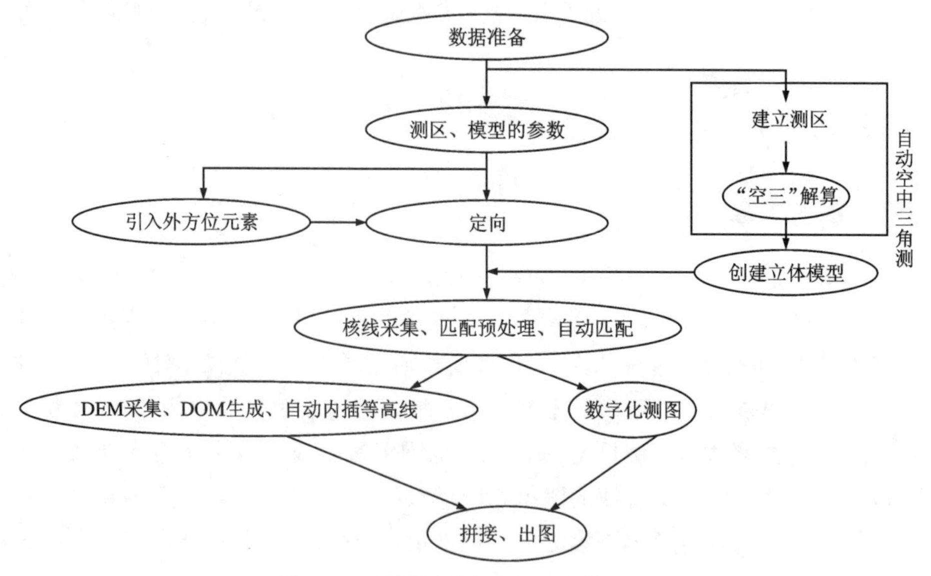

图 13-1　摄影测量内业处理整体过程

三、实习提示

(1)原始数字影像即是数字摄影测量所用的原始资料,有数字影像(如卫星影像)和数字化影像(如用模拟的航片经扫描而获得的影像),影像的数据格式有多种(一般常用的有 tif 格式等)。

(2)参数文件的设置与基本数据的录入一定要正确,否则将无法进行后续的处理,或者将出现错误。

(3)创建测区(block)即是为将要进行测量的区域创建一个工作区目录。一个测区一般由多个相邻的模型所组成。

四、实习步骤

(1)资料分析:①查看原始数字影像的分辨率、比例尺等。②查看相机检校参数以及其影像方位、框标的位置等。③查看地面控制点数据及其点位与分布。

(2)创建新测区,设置测区参数文件。

(3)相机参数文件的数据录入。

(4)地面控制点文件的数据录入。

(5)原始影像的数据格式转换。

五、数据准备

摄影测量内业数据准备流程如图 13-2 所示。

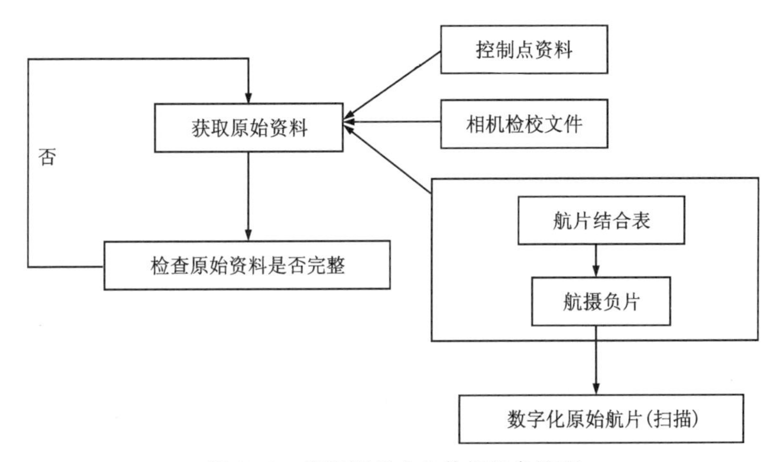

图 13-2　摄影测量内业数据准备流程

六、参数设置

内业整体过程中的参数设置如图 13-3 所示。

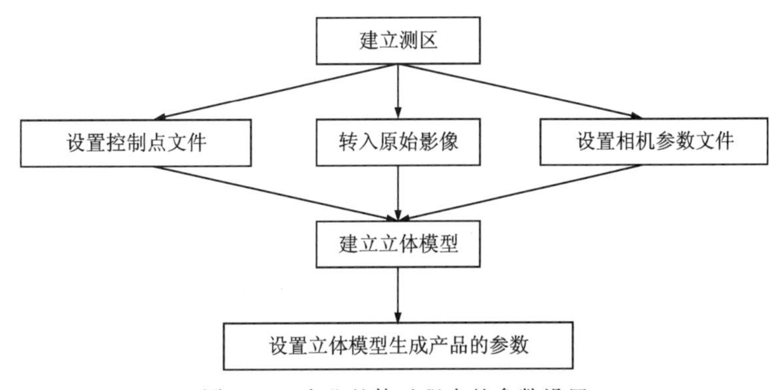

图 13-3　内业整体过程中的参数设置

实习二　单模型定向实习

一、实习要求与任务

学习单模型定向相关理论知识，利用 Hammer 测区影像完成测区内 4 个模型的定向，并生成核线影像。实习成果以定向报告的形式进行提交，定向结果限差要求：内定向中误差 x、y 方向均不得超过 0.000 5m，相对定向匹配同名点残差不超过 0.02mm，绝对定向的平面高程精度（dx，dy，dz）不超过 0.3m。

二、单模型定向流程

单模型定向处理过程如图 13-4 所示。

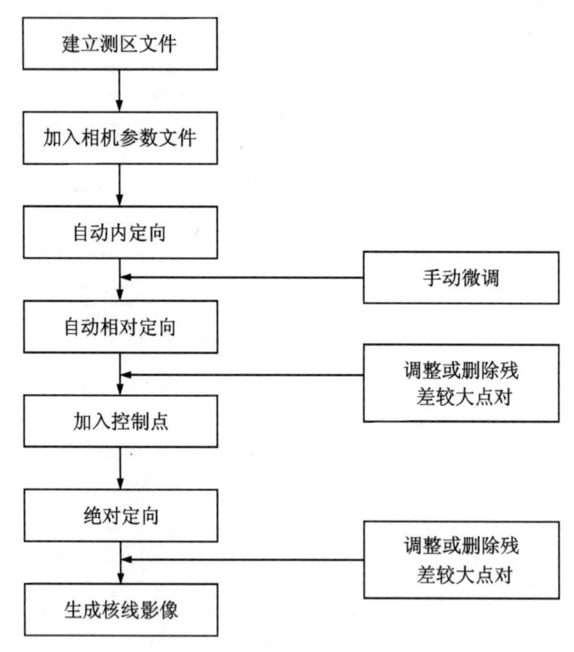

图 13-4　单模型定向处理过程

实习三　“空三”加密实习

一、实习任务与要求

“空三”加密是摄影测量生产过程中的关键步骤，本次实习利用光束法进行“空三”加密计算，利用少量的已知地面控制点的坐标与高程可以加密得到各测点的坐标与高程，同时得到像片的外方位元素信息，利用 HAT 进行“空三”加密，其作业流程包括设置航带，自动内定向，匹配连接点，自由网、控制平差及点位编辑，最终平差结果的限差要求为：通过自由网平差与控制平差且点位残差全部小于 0.5 个像素。

二、“空三”加密流程

“空三”加密流程图如图 13-5 所示。

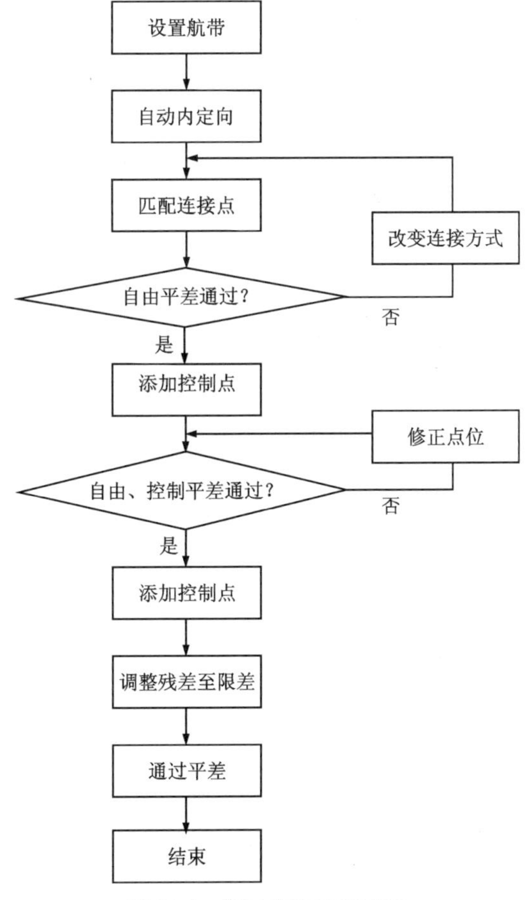

图 13-5　“空三”加密流程图

实习四　制作 DEM 与 DOM

一、实习任务与要求

在完成单模型定向的基础上，利用影像自动匹配技术完成等高线的生成；为保证 DEM 生产的高程精度，针对匹配结果中位于建筑物、道路等非地面点位利用人工立体观察与编辑的方法将这些点压倒地面上，同时根据 4 个模型的 DEM 生成结果进行拼接，并根据实际生产要求进行分幅；利用任意拼接技术或全测区自动拼接技术生成 DOM，同时，根据要求对 DOM 产品进行拼接和分幅；在 DEM 与 DOM 生产的基础上，对其质量进行检验。

二、DEM 生产和简单编辑

(1)打开 MapMatrix。在左边工程浏览窗口中空白处，点击鼠标右键，“加载 MapMatrix”(注意：不是加载 MapMatrix“空三”成果)，如图 13-6 所示，加载之前 HAT“空三”加密最后导出的 MapMatrix 工程(有的学生使用 pix4d 恢复的工程，均可)。

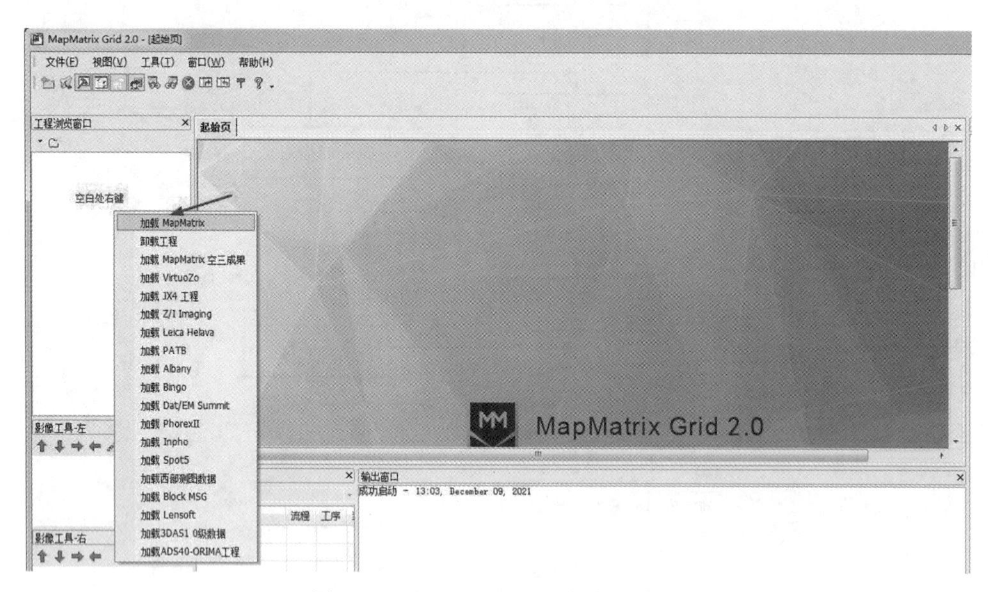

图 13-6　MapMatrix 工程加载示意图

(2)加载完成后，在工程浏览窗口会有工程，如图 13-7 所示。

(3)在工程节点，点击鼠标右键，编辑相机文件，如图 13-8 所示；再次引入相机文件，引入之后，扫描分辨率再填写一下；保存，然后关闭窗口，如图 13-9 所示[注意：这个相机文件要使用 HAT 中相机文件和扫描分辨率，有的学生使用了 pix4d 中的相机参数，出现了问题，直接 HAT 导出的工程可以不用做(3)(4)这两步骤]。

(4)在影像节点“影像”两个字上点击鼠标右键，数码量测相机内定向，如图 13-10 所示。

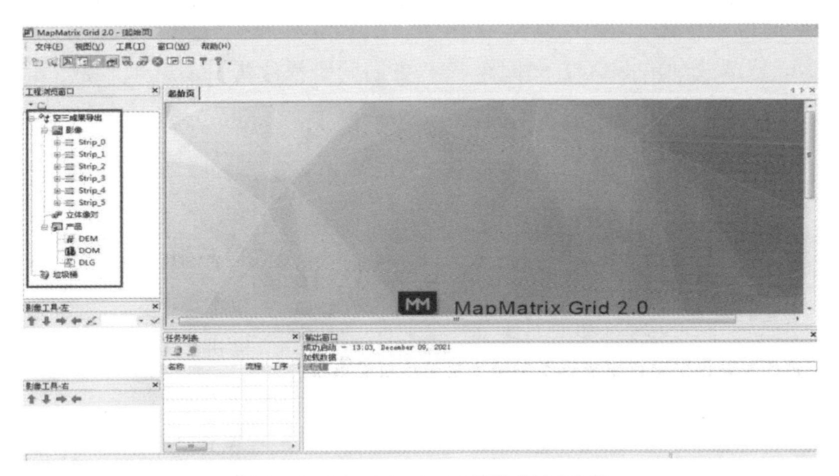

图 13-7　MapMatrix 工程数据展示图

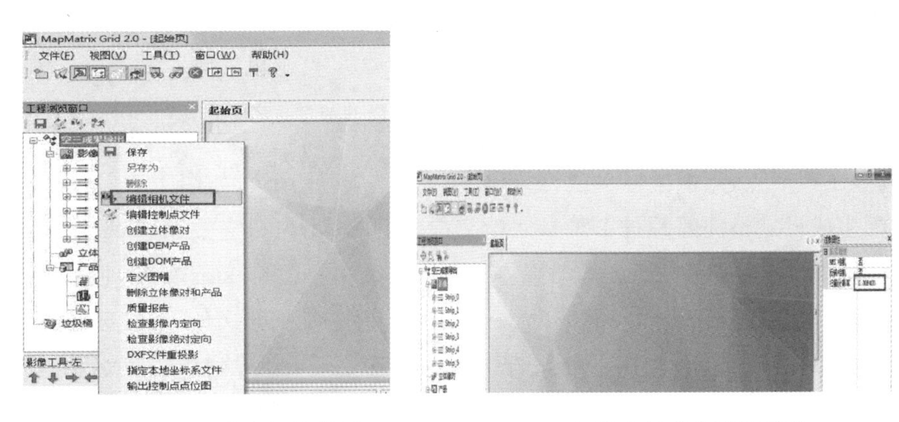

图 13-8　相机文件编辑菜单图　　　　　　13-9　扫描分辨率编辑示例图

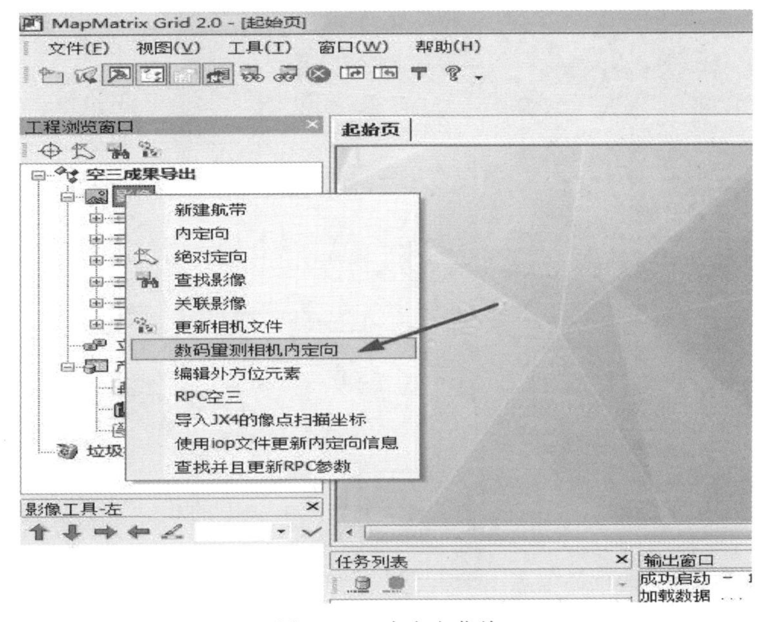

图 13-10　内定向菜单

(5)选中产品节点中的“DEM”节点，选中后，在右边对象属性窗口中，将DEM的格网间距由默认的10m修改成5m，即X方向间距和Y方向间距修改为5m，其他参数不改，如图13-11所示。

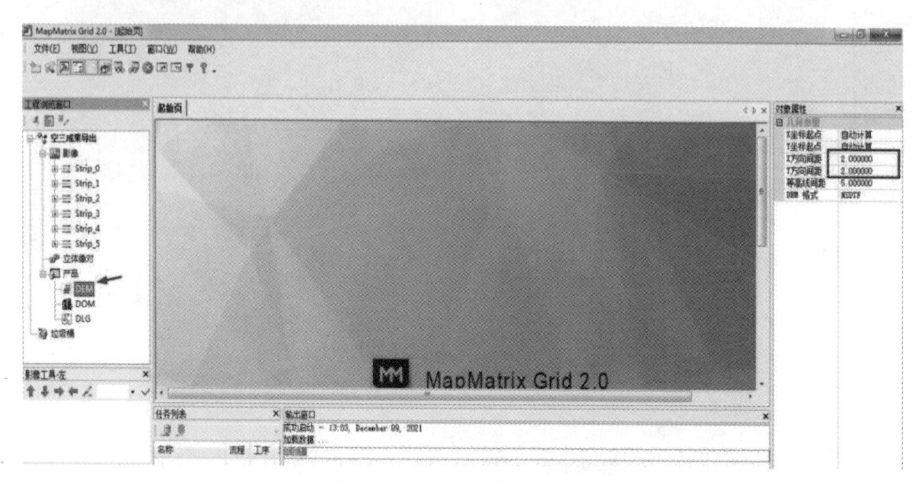

图13-11　DEM编辑示例图

(6)选中工程节点，点击鼠标右键，选择最后一项“全区匹配”，如图13-12所示，程序就开始自动匹配生成设定格网间距的DSM，匹配完成后，在输出窗口会提示“Begin to merge the block”，即为结束(此时如果打开工程文件夹，会发现又多了两个xml文件，但真正的是昨天输出的，也即是刚才打开工程时打开的那个xml，另外两个是临时文件，不必理会)。

(7)等待程序生成完成后，在工程文件夹的根目录下，可以找到跟工程名称一致的后缀为.DEM的一个文件，如图13-13所示。此时的DEM其实是DSM产品，备份它(拷贝后，改个名称即可，后缀不用修改)。

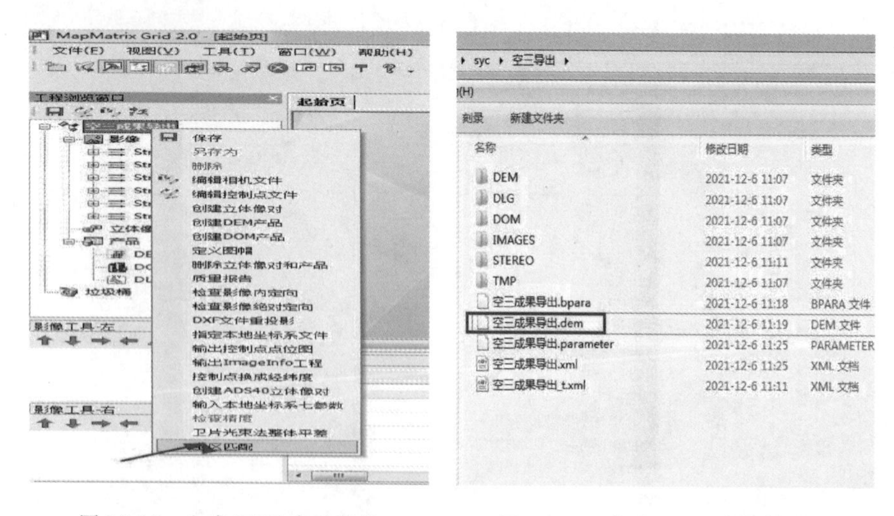

图13-12　生成DSM启动菜单　　　　图13-13　生成DEM文件结构图

(8)在工程浏览窗口的产品节点下的DEM节点上，点击鼠标右键，加入DEM，在弹出的对话框中，选择刚刚生成的DEM，将其加入到工程中来。

(9)在工程节点,点击鼠标右键,创建立体像对,此时立体像对节点下面会有很多立体像对出现。

(10)在刚加入的 DEM 上(将"DEM"3 个字前的"+"点开即可看到),点击鼠标右键,"加入立体像对",如图 13-14 所示。在弹出的窗口中,选择所有的立体像对,点"确定"后,这些立体像对会自动跟刚加入的 DEM 做关联。

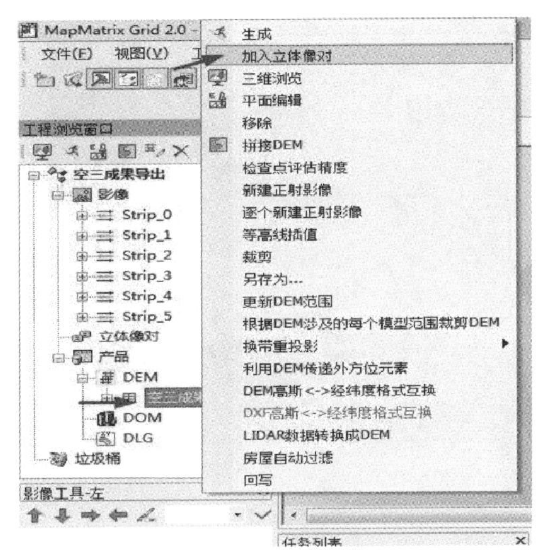

图 13-14　DEM 加入立体像对菜单

(11)在工程浏览窗口中,选择刚才加入的 DEM,点击鼠标右键,平面编辑,程序会打开另外一个主窗口(DEMmatrix 模块——该模块专用于从 DSM 到 DEM 的编辑)。在该窗口上,可以用鼠标操纵三维浏览所生成的 DSM,会发现两处有明显的凸起——建筑物,分别是一大一小,如图 13-15 所示。

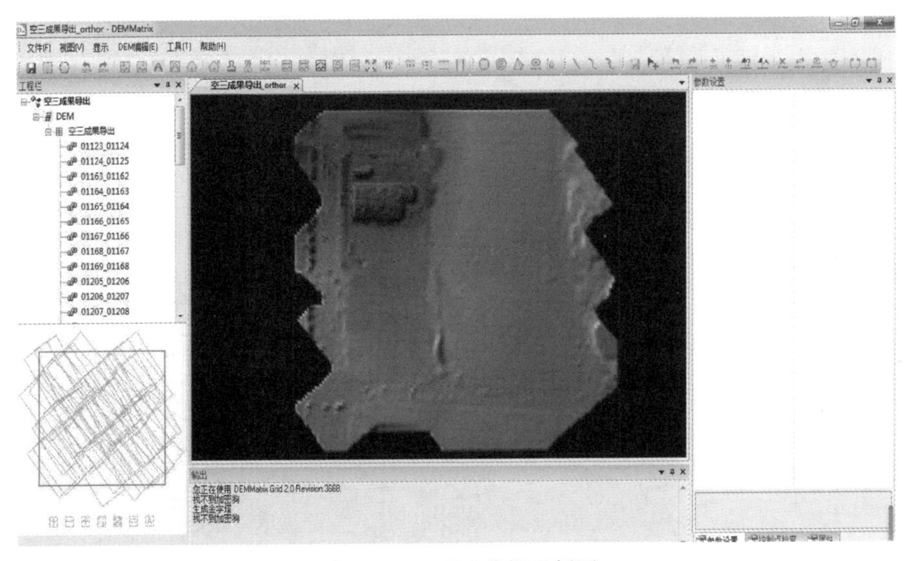

图 13-15　DEM 编辑示例图

(12)用上面的多边形选区(从左往右第三个工具),将大建筑物用多边形框选住,然后找到“匹配点内插”(第十六个工具,快捷键为键盘 O 键),点击它,界面上即可发生变化——刚才突出的房屋,已经压至地面了(注意:这个平面编辑目的是生成正射影像,不需要精细编辑),如图 13-16 所示。

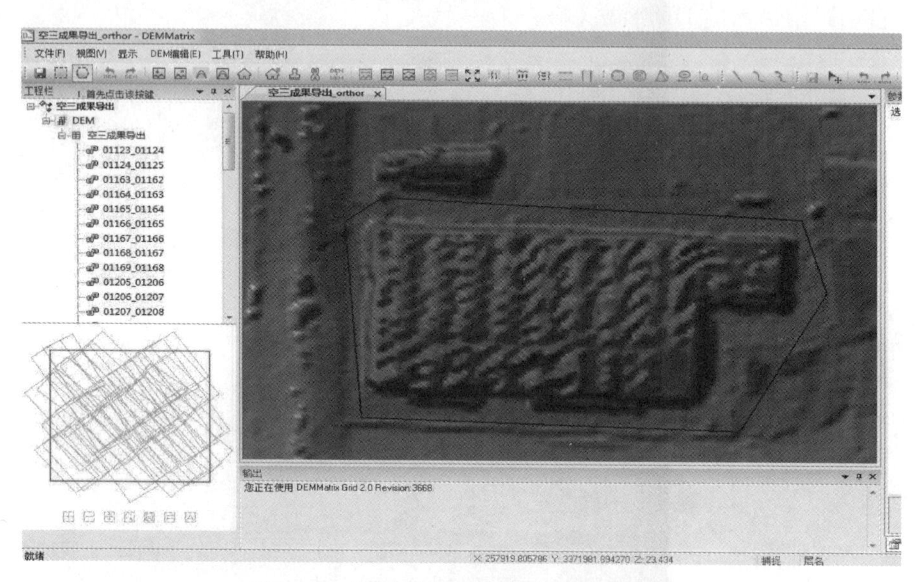

图 13-16　DEM 编辑建筑物的处理示例图

点击“匹配点内插”按键,如图 13-17 所示。DEM 结果图如图 13-18 所示。

(13)点击第一个工具,保存 DEM,如图 13-19 所示。

(14)上面编辑好的成果,即是这次的 DEM 成果。

(15)关闭 DEMMatrix 软件。

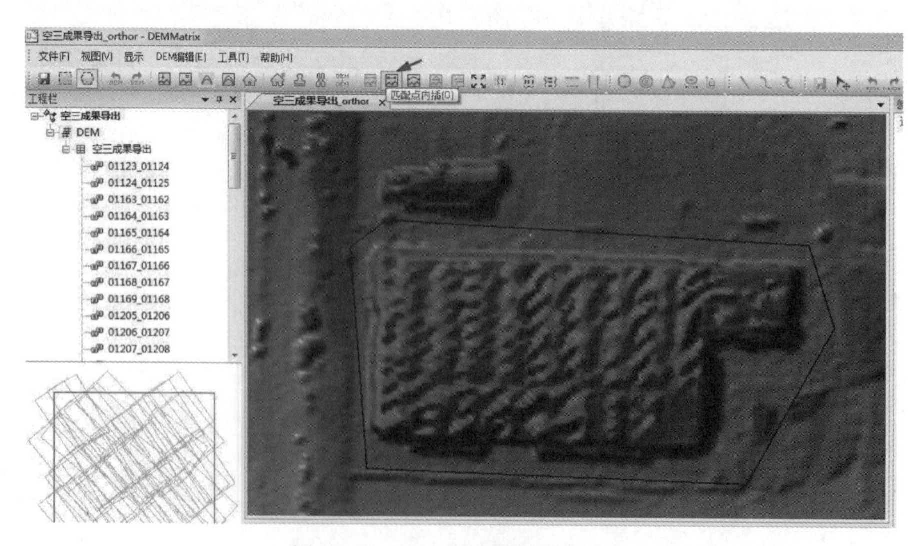

图 13-17　匹配点内插结果展示图

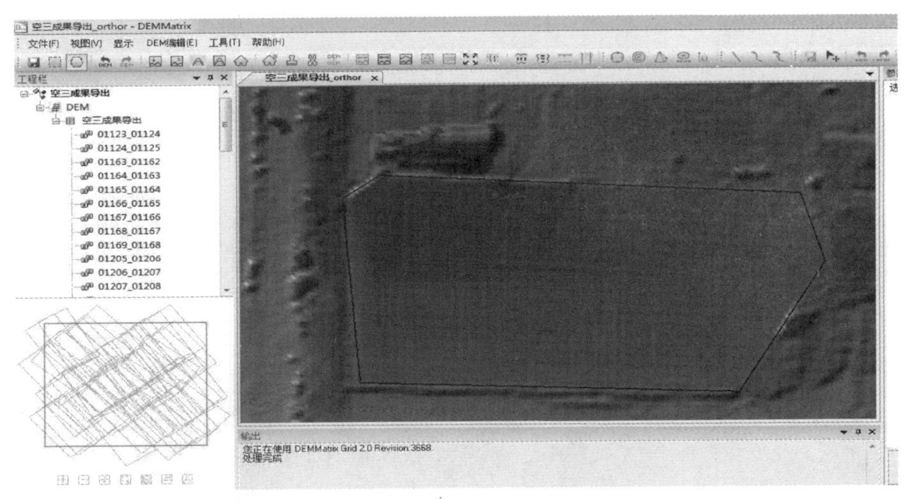

图 13-18　DEM 结果图

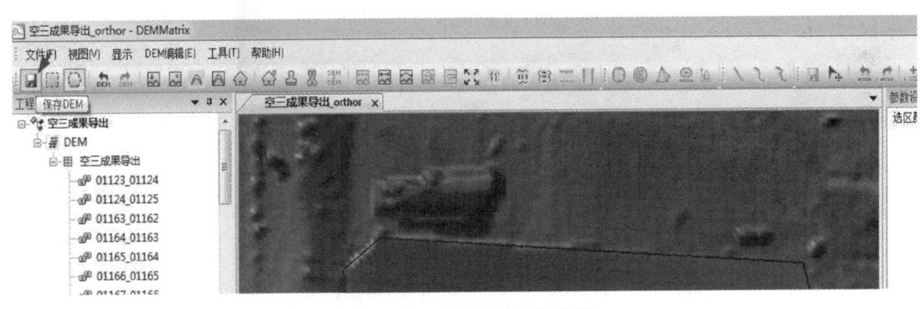

图 13-19　DEM 保存菜单

三、DOM 生产和编辑

(1)在 MapMatrix 工程浏览窗口上，找到自己的 DEM，点击鼠标右键，“新建正射影像”，如图 13-20 所示，此时在 DOM 节点上，会出现一个“+”，此时点开“+”，会看到一个跟 DEM 同名的 DOM(注意：此时并没有真正的 DOM 产生)，如图 13-21 所示。

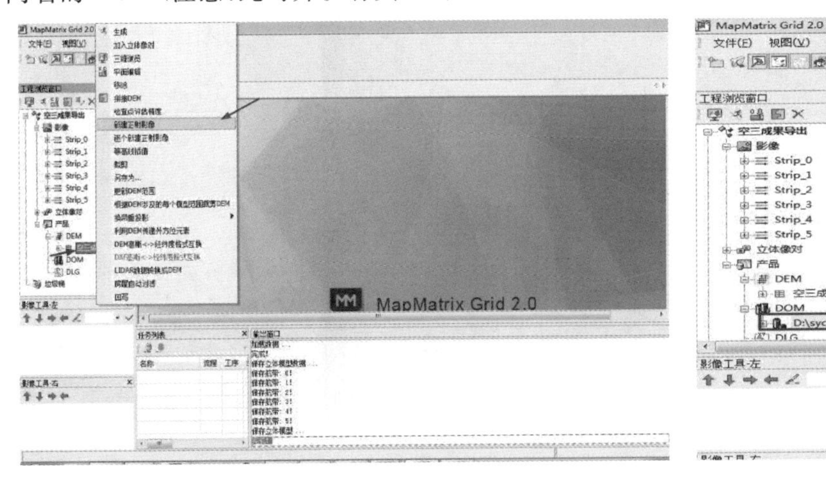

图 13-20　DOM 新建菜单

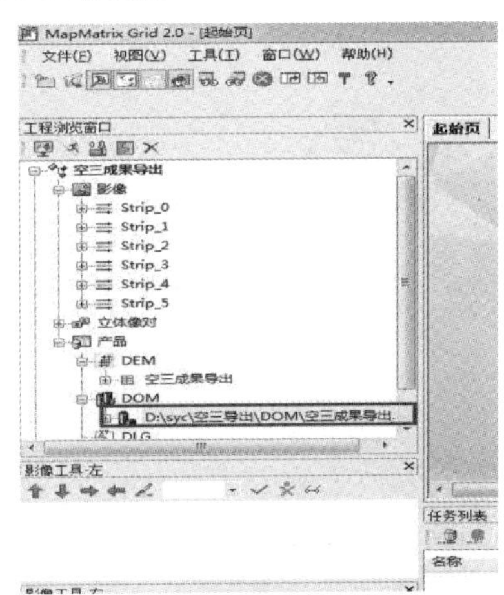

图 13-21　DOM 保存路径图

(2)选择刚刚创建的那个 DOM(自己的 DOM——跟 Dem 名和工程名同名的,而不是"DOM"3 个字)。如图 13-22 所示,在右边对象属性窗口里面,修改 X 方向间距和 Y 方向间距,由默认的 1m,修改为 0.1m(按实习要求填写),将背景色由默认的白色修改为黑色,将"沿影像边缘生成"由默认的"否"修改为"是",将"原始影像单独生成"由默认的"否"修改为"是",其他参数不修改。

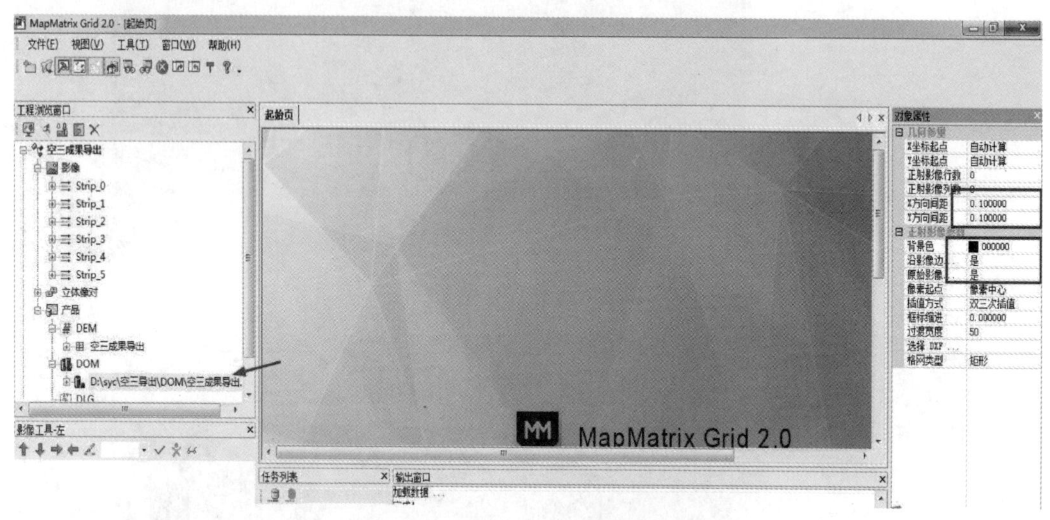

图 13-22 创建 DOM 的参数设置

(3)在自己的 DOM 上(不是"DOM"3 个字,而是跟自己工程名同名的那个 DOM),点击鼠标右键,点击"生成",程序即开始生成单片 DOM(此时不要再动软件了,可以利用此间隙看看本说明),如图 13-23 所示。

(4)待所有单片 DOM 生成完成后,关闭 MapMatrix,后面切换到 EPT 软件,前面数字微分纠正好的单片 DOM 在工程目录的 DOM 文件夹中,如图 13-24 所示。

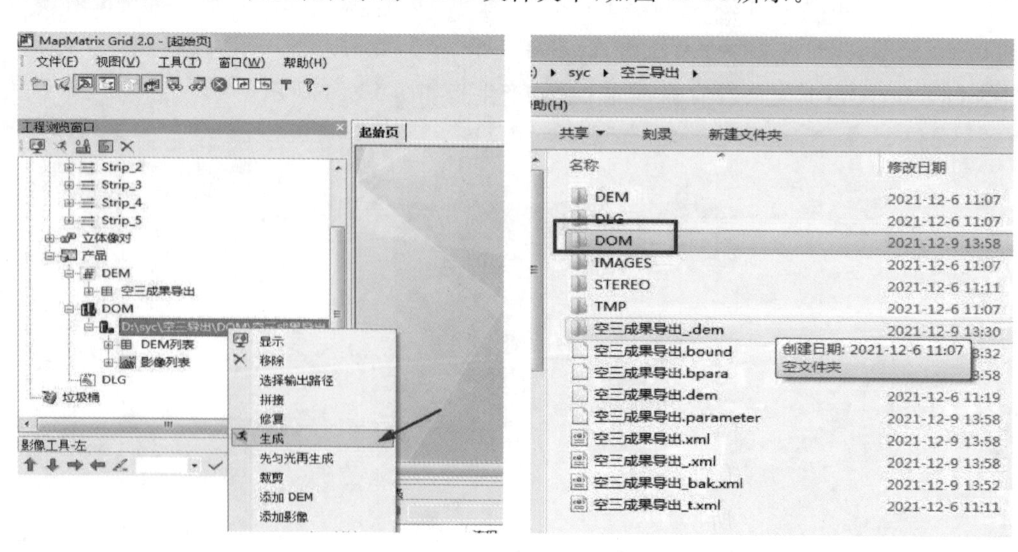

图 13-23 生成 DOM 菜单

图 13-24 DOM 结果路径结构图

(5)打开 EPT3.0 软件,如图 13-25 所示。

(6)点击“开始”大项中的新建工程——新建正射影像工程,如图 13-26 所示。

图 13-25　EPT 启动图标

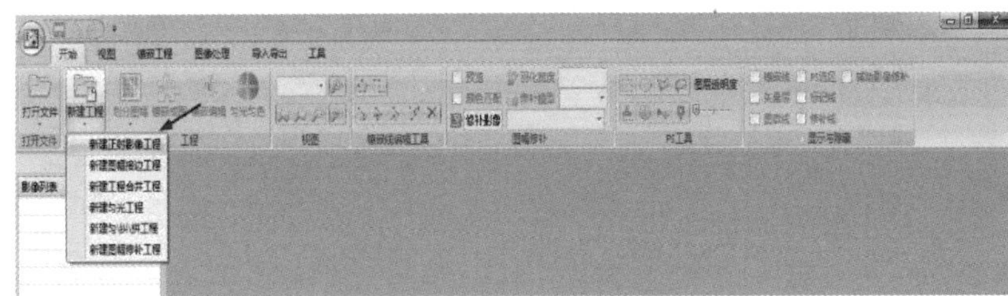

图 13-26　新建 DOM 菜单

(7)在弹出窗口中进行操作,如图 13-27 所示。

①指定 MapMatrix 工程(“空三”加密导出的 MapMatrix 工程,也是刚刚做 DEM 时 MapMatrix 加载的工程)。

②指定 DEM 文件为刚编辑过的 DEM 文件。

③正射影像列表指定步骤 4 中的单片正射影像目录 DOM。

④羽化宽度由默认的 5 改成 20,背景色为黑色不变,采样方式与左标起点不变。

⑤其他默认不做修改。

⑥点击“确定”,即可。

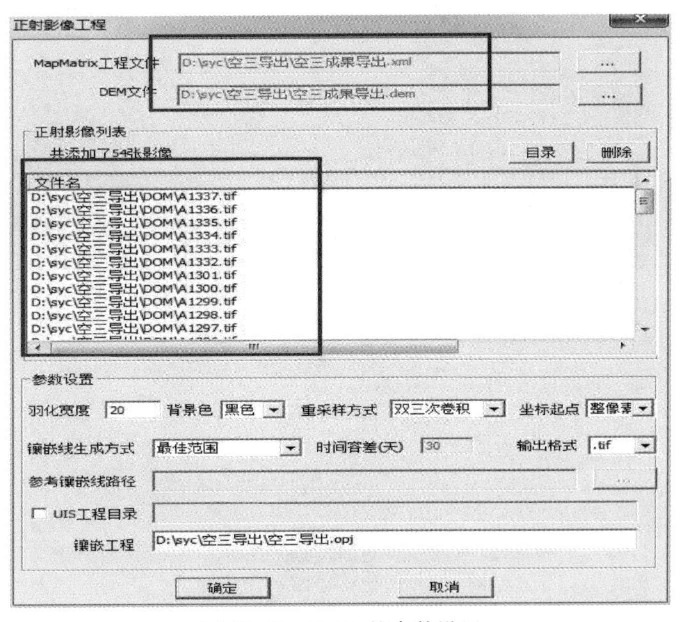

图 13-27　DOM 的参数设置

(8)在 EPT 主界面,如图 13-28 所示,开始→划分图幅→添加任意图幅,左键按住拉框,在弹出的对话框中,默认参数,确定即可。

点击“确定”,如图 13-29 所示。

(9)点击“镶嵌成图”,如图 13-30 所示。

(10)编辑(可以进行镶嵌线编辑和图幅修补;工具均为菜单栏→开始→镶嵌线编辑工具

和图幅修补工具，具体可以参考 C:\VisEDU\EPT3.0\UM 路径下的用户手册 3.6 节——图幅编辑相关内容)，如图 13-31 所示。

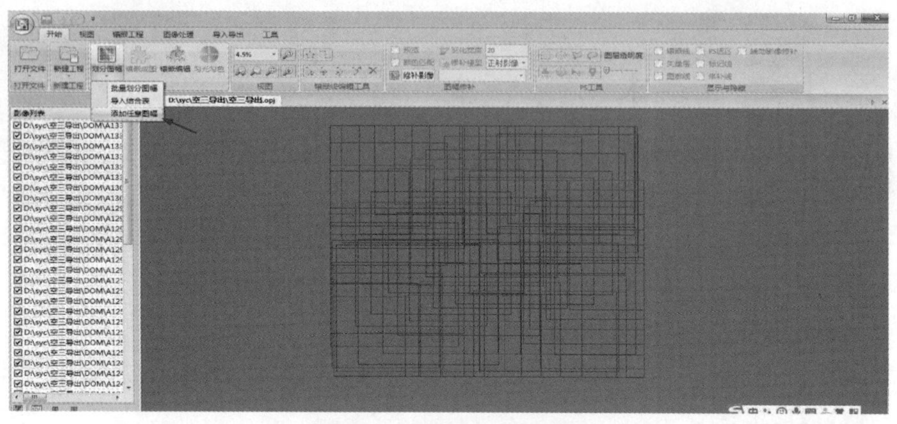

图 13-28　DOM 的图幅设置

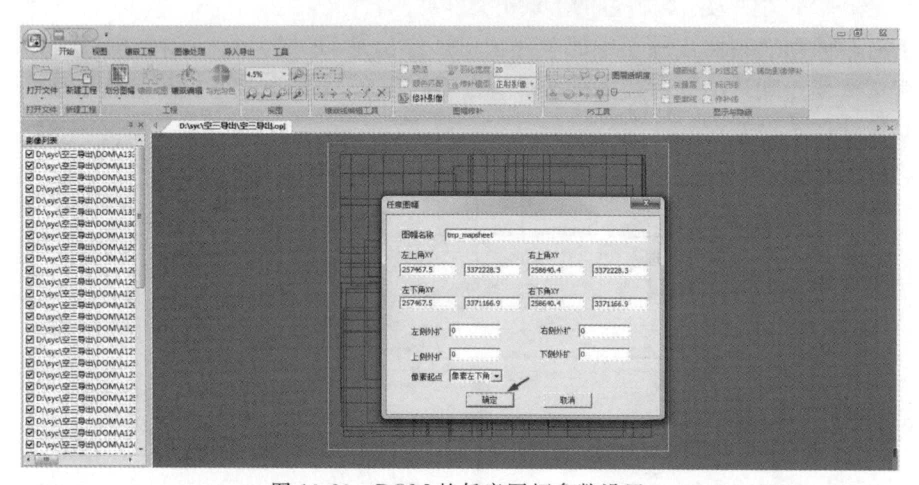

图 13-29　DOM 的任意图幅参数设置

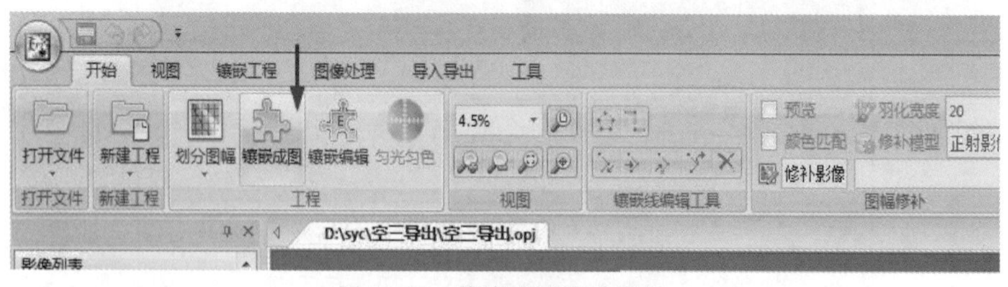

图 13-30　镶嵌成图启动图标

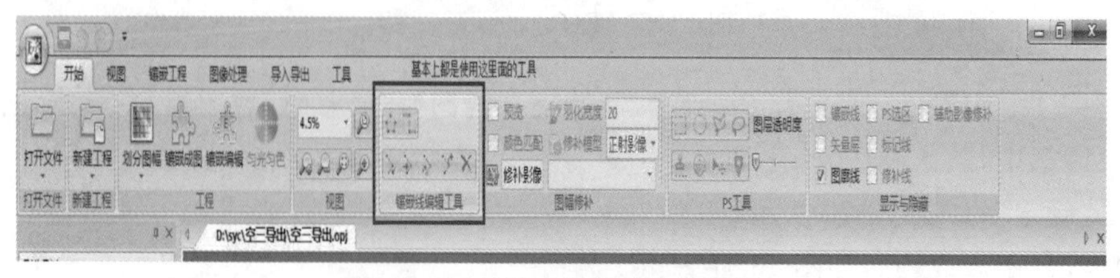

图 13-31　DOM 的相关参数设置

实习五　立体测图实习

一、实习任务与要求

数字测图成果是单模型定向、DEM 生产等操作质量的最终体现。在 DEM 生产过程中观测立体视觉的基础上，完成 FeatureOne 立体测图得到数字线划图成果，并最终提交地形矢量图文件。

二、立体测图流程

立体测图流程如图 13-32 所示。

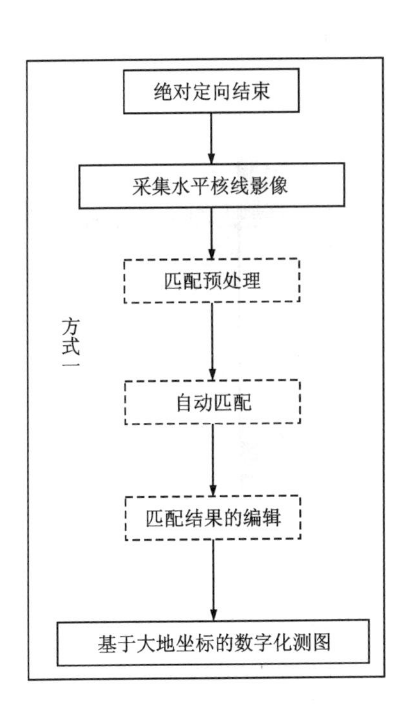

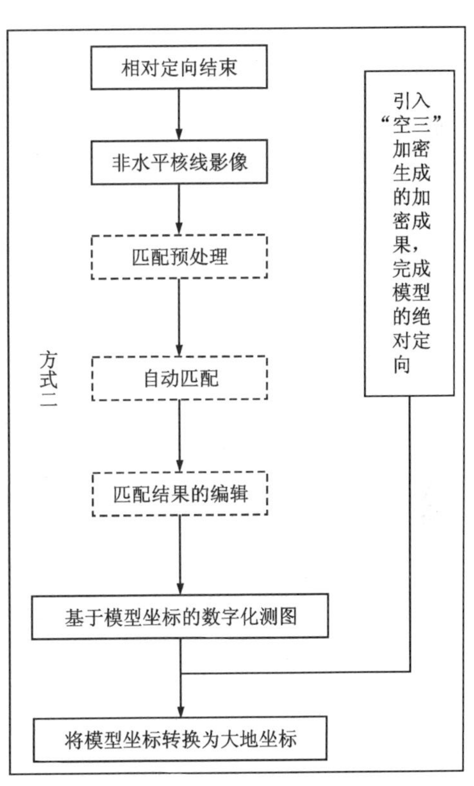

图 13-32　立体测图流程图

第十四章　GNSS定位野外实习

一、实习目的

(1)理解和掌握“GNSS测量原理与应用”课堂教学的内容,巩固和加深课堂所学的理论知识。

(2)熟练掌握GNSS仪器设备的使用方法,学会使用GNSS仪器进行控制测量的基本方法,培养学生的实际动手能力。

(3)培养学生GNSS数据处理能力。

(4)培养学生GNSS控制测量的组织能力以及独立分析问题和解决问题的能力。

(5)培养学生的团队协作、吃苦耐劳的精神,养成严格按照测量规范进行测量作业的工作作风。

二、实习任务

每个作业小组按要求完成10个点左右的E级GNSS控制网的选点、组网、观测及数据处理的测量工作。

三、实习组织

实习组织工作由任课教师全面负责,每班配备2名教师担任实习指导工作。测量实习以组为单位独立进行,每班分6个实习小组,每组学生人数一般为4～5人,实际实习中可根据总人数和仪器配置情况适当增减人数。每组推选组长1人,组长负责组内的实习分工和仪器管理。

四、实习地点

在校园和校园附近及秭归实习基地进行。

五、仪器设备

每组仪器:Trimble R8接收机1台、脚架1个、电池2块、基座1个、天线1个、2m钢卷尺1把、仪器箱1个、记录板1块、记录表格若干。

六、实习计划

实习 2 周，共进行 14 天，实习安排如下。

(1)实习动员，踏勘、选点、埋桩 2 天。

(2)编写《GNSS 控制网技术设计书》2 天。

(3)GNSS 野外数据采集 5 天。

(4)GNSS 数据处理(基线解算、网平差)2 天。

(5)编写 GNSS 控制网实习总结报告，上交资料 3 天。

七、实习注意事项

在实习期间，需要注意如下事项。

(1)严格按照仪器的操作规程进行观测，要求记录正确、字体端正、字迹清晰。

(2)绝对保证人身和仪器安全。在外业测量时，对仪器要爱护，不野蛮操作，坚决做到人不离仪器。如有违反仪器操作规程导致损坏仪器者，损坏仪器须照价赔偿。

(3)同学之间要相互团结与协作、互相帮助。

(4)遵守纪律，听从指挥，实习期间无特殊原因不得请假，请假须事先得到指导教师的批准，否则将进行相应的处理。严禁到江河游泳，严禁携带火种上山。

(5)有问题及时向指导教师、小队长或小组长报告。

八、实习内容

(1)编写《GNSS 控制网技术设计书》。

(2)实地踏勘、选点、埋桩。

(3)GNSS 野外数据采集。

(4)GNSS 数据处理。

(5)编写《GNSS 控制网实习总结报告》。

九、编写实习总结

实习结束时，每个学生应完成 1 份《GNSS 控制网实习总结报告》，总结应反映出学生本人在实习中的收获。

十、提交实习成果

(1)《GNSS 控制网技术设计书》1 份。

(2)《GNSS 控制网实习总结》1 份。

(3)GNSS 控制点成果表 1 份。

(4)GNSS 控制点展点及通视图。

(5)GNSS 点之记。

(6)GNSS 野外观测原始数据及平差计算资料。

(7)GNSS 野外测量作业调度表。

(8)GNSS 外业观测记录手簿。

十一、实习成绩评定

实习成绩评定依据:实习中学生的表现、仪器操作的熟练程度、数据处理时分析问题和解决问题的能力、仪器设备是否完好无损、所提交 GNSS 控制网成果资料的质量、《GNSS 控制网技术设计书》和《GNSS 控制网实习总结》的编写水平等。

实习成绩评定等级:根据以上实习成绩评定依据,实习成绩分为优、良、中、及格和不及格 5 个等级。其中,有违反实习纪律、缺勤 3 天以上、实习中发生打架事件、发生重大仪器事故、未提交成果资料和实习总结等行为,该学生成绩均记为不及格。

参考文献

程效军,鲍峰,顾孝烈,2016.测量学[M].5版.上海:同济大学出版社.

程新文,陈性义,2020.测量学[M].2版.北京:地质出版社.

高井祥,付培义,余学祥,等,2018.数字地形测量学[M].徐州:中国矿业大学出版社.

郭际明,史俊波,孔祥元,等,2021.大地测量学基础[M].3版.武汉:武汉大学出版社.

郭庆华,陈琳海,2020.激光雷达数据处理方法[M].2版.北京:高等教育出版社.

花向红,邹进贵,2021.数字测图实验与实习教程[M].武汉:武汉大学出版社.

李征航,黄劲松,2016.GPS测量与数据处理[M].3版.武汉:武汉大学出版社.

刘仁钊,马啸,2021.无人机倾斜摄影测绘技术[M].武汉:武汉大学出版社.

潘正风,程效军,成枢,等,2009.数字测图原理与方法习题和实验[M].2版.武汉:武汉大学出版社.

潘正风,程效军,成枢,等,2019.数字地形测量学[M].2版.武汉:武汉大学出版社.

王成,习晓环,杨学博,等,2021.激光雷达遥感导论[M].北京:高等教育出版社.

王佩军,徐亚明,2016.摄影测量学[M].3版.武汉:武汉大学出版社.

吴北平,2018.测量学实习指导书[M].武汉:中国地质大学出版社.

吴北平,陈刚,潘雄,等,2010.测绘工程实习指导书[M].武汉:中国地质大学出版社.

武汉大学测绘学院测量平差学科组,2014.误差理论与测量平差基础[M].武汉:武汉大学出版社.

詹长根,唐祥云,刘丽,2011.地籍测量学[M].武汉:武汉大学出版社.

张正禄,2020.工程测量学[M].3版.武汉:武汉大学出版社.

张正禄,等,2014.工程测量学习题集与实习课程设计指导书[M].武汉:武汉大学出版社.

张祖勋,张剑清,2012.数字摄影测量学[M].武汉:武汉大学出版社.